© 2013 Ricci Pier Paolo. Tutti i diritti sono riservati.
© 2013 Ricci Pier Paolo. All rights reserved.

In copertina simulazione dell'occultazione parziale di Giove da parte di Venere 22/11/2065
On the cover simultation of the partial occultation of Jupiter by Venus 22/11/2065

INTRODUZIONE

Questo libro, il secondo di una serie di dieci, rappresenta una estesa trattazione di quanto presente sul mio sito riguardo le occultazioni ed i fenomeni planetari. Vengono qui esaminati tutti gli aspetti delle occultazioni tra pianeti, Luna, asteroidi e stelle, su di un arco temporale molto esteso, dal 2000 al 10000.
Ovviamente dato che l'era contemporanea è il ventunesimo secolo viene dato il più ampio spazio a questo periodo, riservando il resto delle tabelle agli storici, agli studiosi di statistica astronomica o ai più curiosi.
Si trovano le rare occultazioni tra pianeti, ma anche quelle tra pianeti e stelle, tra pianeti e Luna, quelle con gli asteroidi, e tanto tanto altro in più, come le occultazioni multiple.
Inoltre sono anche presenti simulazioni grafiche rappresentative di eventi particolarmente notevoli, e capitoli di "stranezze astronomiche" che tanto piacciono ai media per esaltare spettacoli che comunque si ripetono su scale temporali più o meno lunghe.
Questo non è un manuale tecnico e di difficile lettura, ma una descrizione completa e molto dettagliata su quello che il cielo ci offre durante la nostra vita, quindi ogni tabella è pronta all'uso ed ogni evento riportato sarà facilmente visibile ad occhio nudo od eventualmente con un modestissimo binocolo.
Un'opera per astrofili, per astronomi, per professionisti o semplici appassionati.

INTRODUCTION

This book, the second in a series of ten, is an extended discussion of that on my website about the occultations and planetary phenomena. All aspects of occultations between planets, Moon, asteroids and stars, on a very extensive period of time, from 1900 to 10000, are examined here.
Since the contemporary era is the twenty-first century, for this reason the most room is given to this period, reserving the rest of the tables for historians, astronomical statisticians or the curious.
We find the inusual occultations between planets, but also between stars and planets, between planets and the Moon, asteroids, and much, much more, as the multiple occultations.
In addition there are also graphic simulations representing events particularly remarkable, and chapters of "astronomical oddities" that the media like to highlight. However, these events are repeated in time.
This is not a technical and difficult to read manual, but a complete and very detailed description of what the sky gives us throughout our lives, so each table is ready for use, and each reported event will be easily visible to the naked eye or possibly with a simple pair of binoculars.
The book is for stargazing astronomers and professionals.

OCCULTAZIONI TRA PIANETI
OCCULTATIONS BETWEEN PLANETS
2000-10000

```
GG MM AAAA : data nel formato giorno/mese/anno
HH MM : ore e minuti
ELONG : elongazione in gradi dal Sole dei corpi
MAG1 : magnitudine del primo corpo
MAG2 : magnitudine del secondo corpo
T : durata in secondi
PIANETI : corpi coinvolti : MErcurio, VEnere, MArte, GIove,
                            SAturno, URano, NEttuno
```

```
GG MM AAAA : date in the format dd/mm/yyyy
HH MM : hours and minutes
ELONG : elongation in ° from the Sun of the bodies
MAG1 : magnitude of the 1st body
MAG2 : magnitude of the 2th body
T : duration in seconds
PIANETI : planets : MErcury, VEnus, MArs, GI (Jupiter),
                    SAturn, URanus, NEptune
```

GG	MM	AAAA	HH	MM	ELONG	MAG1	MAG2	T	PIANETI	
22	11	2065	12	46	8	-3.9	-1.6	744	VE	GI	(1)
15	7	2067	11	56	18	-0.4	8.0	80	ME	NE	(2)
11	8	2079	1	31	11	-1.3	1.6	162	ME	MA	(3)
27	10	2088	13	43	5	-1.1	-1.6	303	ME	GI	(3)
7	4	2094	10	49	2	-1.7	-2.0	476	ME	GI	(3)
21	8	2104	1	18	27	-3.8	8.0	272	VE	NE	
14	9	2123	15	28	16	-3.9	-1.6	914	VE	GI	
29	7	2126	16	9	9	-1.5	1.6	116	ME	MA	
3	12	2133	14	13	4	-0.8	-0.7	585	ME	VE	
2	12	2223	12	30	89	-0.1	-2.3	1548	MA	GI	
12	8	2243	4	52	16	-3.9	0.6	192	VE	SA	
4	3	2251	10	52	25	-3.8	5.9	272	VE	UR	
11	9	2307	22	30	28	-3.8	5.5	166	VE	UR	
4	6	2327	0	52	22	-3.8	1.2	1066	VE	MA	
8	10	2335	14	51	35	-3.9	-1.7	725	VE	GI	
7	4	2351	17	22	4	-1.7	5.9	92	ME	UR	
30	12	2419	1	36	42	-4.7	5.9	1593	VE	UR	
29	8	2478	23	11	11	1.7	-1.6	1266	MA	GI	
7	4	2515	10	33	20	1.0	8.0	159	MA	NE	
25	1	2518	22	41	33	-3.9	0.9	570	VE	SA	
16	2	2649	11	14	36	-3.9	8.0	312	VE	NE	
3	12	2781	6	42	26	-3.9	8.0	174	VE	NE	
25	3	2816	15	47	28	0.3	-1.9	1311	ME	GI	
6	3	2817	9	36	20	-3.9	0.9	538	VE	SA	
11	4	2818	20	42	5	-1.7	1.1	133	ME	MA	
6	2	2825	10	44	49	1.3	5.7	298	MA	UR	
15	12	2830	7	37	11	-2.6	1.2	800	VE	MA	
20	7	2833	5	15	25	0.2	-1.7	461	ME	GI	
12	2	2912	20	59	36	-3.9	-2.0	1049	VE	GI	
8	11	2954	2	49	1	-3.9	-1.6	336	VE	GI	
21	11	2954	1	58	18	-0.5	0.8	277	ME	SA	
9	3	2959	17	38	5	1.0	-1.9	1540	MA	GI	
5	10	2965	16	52	5	-1.1	-1.6	497	ME	GI	
13	8	2986	9	12	21	-3.8	-1.8	836	VE	GI	
22	3	2991	14	46	38	-3.9	8.0	216	VE	NE	
12	6	3127	0	3	10	-3.9	-1.9	200	VE	GI	
14	3	3129	12	5	5	-1.5	-3.9	320	ME	VE	
8	8	3156	13	37	27	-3.8	0.5	422	VE	SA	
22	9	3224	5	44	30	-3.8	-1.7	997	VE	GI	
25	9	3231	11	35	27	-3.8	5.5	245	VE	UR	
13	10	3243	18	18	40	-3.9	8.0	363	VE	NE	
27	7	3249	19	50	44	-4.1	-1.7	622	VE	GI	
17	11	3285	5	42	3	-0.9	1.5	182	ME	MA	
8	1	3324	13	6	15	-3.9	-1.7	831	VE	GI	
10	7	3332	0	32	44	1.6	0.5	449	MA	SA	
25	12	3340	21	12	12	-2.8	0.9	2146	VE	SA	
29	2	3428	6	42	133	-2.2	7.9	18130	GI	NE	
5	5	3493	4	9	27	1.0	-2.0	1597	MA	GI	
8	5	3517	13	0	21	0.8	-2.0	1605	ME	GI	
10	3	3693	17	42	28	-3.9	-1.8	1024	VE	GI	
25	7	3868	23	51	12	1.8	-2.8	4013	ME	VE	
11	6	3873	12	49	39	-4.6	-2.0	5050	VE	GI	
22	2	3904	23	38	23	-0.1	0.9	433	ME	SA	

GG	MM	AAAA	HH	MM	ELONG	MAG1	MAG2	T	PIANETI	
30	1	3914	9	18	40	1.4	5.6	236	MA	UR
18	9	3950	18	6	15	-3.9	0.5	524	VE	SA
27	1	3965	21	32	18	-0.4	-3.9	1997	ME	VE
10	12	3973	9	17	42	1.6	-1.7	1865	MA	GI
13	6	4005	10	2	19	-3.9	1.4	383	VE	MA
16	3	4024	22	28	20	-3.9	0.9	465	VE	SA
3	7	4029	20	5	17	-0.6	7.9	102	ME	NE
10	9	4056	9	59	28	-3.8	-1.6	910	VE	GI
30	6	4062	23	2	18	-0.5	0.6	47	ME	SA
15	2	4125	11	17	2	-3.9	1.2	503	VE	MA
25	6	4151	5	18	22	0.5	-3.9	1277	ME	VE
17	9	4257	9	56	11	-3.9	1.6	440	VE	MA
27	8	4305	4	45	13	-3.9	5.7	203	VE	UR
14	3	4320	11	12	2	-3.9	0.9	511	VE	SA
16	9	4327	20	53	17	-0.7	-1.7	608	ME	GI
16	11	4377	10	57	2	-1.2	-1.6	449	ME	GI
28	9	4407	19	38	12	-0.8	8.0	93	ME	NE
25	1	4439	8	32	16	-0.5	-1.7	639	ME	GI
15	7	4442	1	0	24	0.3	-4.0	1073	ME	VE
16	7	4477	23	49	41	-4.5	5.6	1323	VE	UR
16	8	4492	11	5	21	-3.8	-1.9	715	VE	GI
15	7	4517	5	39	37	-4.5	-1.8	4499	VE	GI
4	9	4532	16	37	13	-1.2	-3.9	505	ME	VE
28	11	4567	15	31	4	-1.2	-1.6	554	ME	GI
29	4	4646	10	50	2	-1.5	-3.9	389	ME	VE
28	8	4648	3	44	19	-1.7	5.6	4319	GI	UR
18	4	4660	17	30	3	-1.6	8.0	88	ME	NE
7	1	4691	14	38	4	-0.9	1.4	203	ME	MA
29	5	4710	20	35	12	-3.9	5.9	206	VE	UR
29	7	4719	13	9	8	-1.6	5.8	92	ME	UR
24	12	4757	19	15	23	-3.9	8.0	237	VE	NE
27	12	4762	9	18	15	-0.8	8.0	117	ME	NE
13	1	4830	0	5	13	-3.9	-1.6	890	VE	GI
23	3	4897	19	20	159	-2.5	5.4	14822	GI	UR
21	4	4927	4	11	36	-3.9	-1.9	1070	VE	GI
21	11	4941	8	52	18	-0.3	-3.9	669	ME	VE
19	12	4998	9	58	44	-4.6	1.6	3971	VE	MA
16	4	5023	6	25	31	-3.9	5.9	168	VE	UR
15	10	5051	19	46	13	-0.7	1.7	184	ME	MA
18	1	5091	7	41	13	-0.7	-1.6	404	ME	GI
18	8	5135	21	57	38	1.1	5.8	138	MA	UR
15	6	5143	13	42	6	-1.5	-2.0	493	ME	GI
27	9	5149	4	20	16	-0.8	5.6	75	ME	UR
21	8	5188	4	47	31	-3.8	0.5	622	VE	SA
6	3	5199	12	14	28	-3.9	0.9	479	VE	SA
15	3	5199	20	54	26	-3.9	-1.8	962	VE	GI
27	3	5231	18	36	21	-3.9	0.9	464	VE	SA
12	3	5233	4	21	13	-3.9	0.9	524	VE	SA
18	3	5282	20	31	36	-3.9	8.0	318	VE	NE
16	10	5312	18	20	18	-0.5	-1.7	748	ME	GI
29	7	5381	17	45	15	-3.9	-1.9	325	VE	GI
11	8	5477	22	46	5	-3.9	5.7	262	VE	UR
11	3	5492	10	26	14	-1.0	-3.9	865	ME	VE

GG	MM	AAAA	HH	MM	ELONG	MAG1	MAG2	T	PIANETI	
14	9	5512	18	21	12	-1.3	-3.9	478	ME	VE
1	7	5531	3	48	44	-4.1	0.7	239	VE	SA
8	9	5565	22	55	12	-1.2	5.7	107	ME	UR
25	2	5578	1	4	21	-3.9	-1.7	826	VE	GI
22	8	5595	8	39	30	-3.8	0.6	299	VE	SA
5	1	5615	12	28	68	0.5	0.7	777	MA	SA
27	3	5652	11	18	29	-3.9	-2.0	996	VE	GI
21	12	5702	17	28	9	1.2	-3.9	200	ME	VE
21	10	5728	2	16	14	-3.9	8.0	221	VE	NE
28	6	5805	6	34	8	-3.9	5.8	231	VE	UR
13	10	5807	12	37	2	-1.7	0.6	217	ME	SA
5	4	5821	10	44	12	-3.9	0.9	440	VE	SA
17	8	5849	23	10	18	-0.5	7.9	65	ME	NE
13	3	5877	20	23	21	-0.2	0.8	411	ME	SA
6	11	5883	19	22	12	-3.9	-1.6	578	VE	GI
15	7	5917	14	11	17	-0.6	0.6	296	ME	SA
29	4	5947	23	25	33	-3.9	5.9	316	VE	UR
14	8	6093	15	15	12	-1.1	-1.9	325	ME	GI
12	7	6121	23	15	38	-3.9	0.7	591	VE	SA
3	4	6132	2	3	16	1.0	8.0	106	MA	NE
27	12	6137	23	34	101	-0.7	-2.4	2335	MA	GI
27	8	6150	0	58	7	-3.9	5.7	265	VE	UR
21	4	6233	14	15	10	-1.3	-1.9	364	ME	GI
1	10	6236	6	32	28	-3.8	-1.9	1024	VE	GI
24	10	6286	2	35	19	-3.9	-1.6	846	VE	GI
26	2	6287	16	27	46	-4.2	5.9	418	VE	UR
27	12	6341	22	28	16	-0.8	0.7	348	ME	SA
11	3	6358	13	35	16	-0.4	5.8	142	ME	UR
7	1	6419	18	35	2	4.5	-1.6	406	ME	GI
5	4	6438	23	0	22	-3.9	0.8	361	VE	SA
3	1	6472	2	15	5	2.8	-3.9	188	ME	VE
8	1	6476	19	43	19	-0.2	-3.7	790	ME	VE
15	1	6500	21	56	3	-1.0	0.4	335	ME	VE
10	7	6506	10	2	43	1.0	-2.0	1577	MA	GI
11	10	6534	20	25	107	-1.0	0.4	1300	MA	SA
28	1	6582	2	11	6	2.1	0.8	368	ME	SA
27	6	6590	16	12	5	-1.6	-2.0	124	ME	GI
15	12	6607	8	16	1	-3.9	-1.5	886	VE	GI
1	8	6623	3	3	33	-3.8	0.7	622	VE	SA
29	10	6661	9	21	9	-1.5	0.6	179	ME	SA
3	4	6673	17	9	23	-3.9	0.8	538	VE	SA
24	6	6673	18	35	3	-3.9	-2.0	812	VE	GI
3	12	6693	19	26	10	-0.8	1.7	176	ME	MA
8	4	6707	14	23	13	-1.9	5.9	4663	GI	UR
24	1	6747	10	11	1	5.4	8.0	200	ME	NE
24	12	6782	4	33	17	-0.7	0.6	378	ME	SA
16	10	6806	21	19	17	-0.6	-1.8	576	ME	GI
21	10	6853	5	52	32	-3.8	-1.9	667	VE	GI
17	2	6905	6	22	17	-0.6	0.8	364	ME	SA
20	6	6957	2	16	47	-4.4	7.9	637	VE	NE
28	6	6975	12	31	15	1.3	7.9	508	ME	NE
16	3	6999	19	26	18	-0.6	0.9	213	ME	SA
7	9	7199	8	6	49	1.5	8.0	265	MA	NE

GG	MM	AAAA	HH	MM	ELONG	MAG1	MAG2	T	PIANETI	
22	8	7238	10	52	6	-1.8	5.8	94	ME	UR
17	8	7249	1	33	45	-4.2	0.5	966	VE	SA
16	7	7290	0	55	8	-3.9	-2.0	720	VE	GI
1	4	7300	17	58	21	1.0	-1.9	762	MA	GI
17	9	7304	17	23	27	-3.8	0.6	593	VE	SA
3	2	7417	1	58	18	0.3	-3.9	305	ME	VE
16	4	7441	10	46	23	-0.1	-1.7	897	ME	GI
6	8	7449	17	13	16	-0.7	0.7	249	ME	SA
12	3	7462	17	5	44	-4.1	5.9	398	VE	UR
11	6	7506	4	53	1	-1.5	-3.9	410	ME	VE
17	2	7541	15	52	163	-2.7	0.2	18201	GI	SA
18	6	7541	22	6	71	-2.1	0.5	17038	GI	SA
10	4	7559	1	51	7	-3.9	0.8	409	VE	SA
17	10	7709	9	51	29	-3.8	-1.7	613	VE	GI
19	2	7732	14	16	15	0.4	0.8	696	ME	SA
31	10	7780	0	54	2	-1.8	0.6	245	ME	SA
16	7	7798	5	26	41	-4.0	0.8	490	VE	SA
24	4	7825	13	6	7	-1.2	0.8	296	ME	SA
21	4	7853	21	59	6	-3.9	0.8	439	VE	SA
28	2	7858	14	51	37	1.6	5.6	272	MA	UR
19	1	7874	20	17	15	-0.9	0.7	295	ME	SA
22	9	7920	6	48	14	-1.0	-1.9	400	ME	GI
9	2	7950	15	4	8	1.6	-1.6	678	ME	GI
9	11	7958	8	34	12	-0.9	-1.6	519	ME	GI
23	6	7971	8	4	58	1.0	0.8	471	MA	SA
19	11	8008	9	20	18	-0.5	5.6	90	ME	UR
22	8	8021	11	6	69	1.2	7.9	90	MA	NE
2	12	8029	9	0	9	-1.6	8.0	4285	GI	NE
3	5	8043	22	31	25	-3.9	5.8	86	VE	UR
5	5	8061	1	58	4	-1.2	0.8	177	ME	SA
20	2	8063	21	2	16	-0.7	8.0	122	ME	NE
20	7	8095	1	7	15	-0.7	0.8	261	ME	SA
6	7	8116	6	38	35	1.0	7.9	132	MA	NE
8	5	8120	4	17	3	-1.2	0.8	256	ME	SA
24	9	8126	1	30	22	-0.1	1.6	248	ME	MA
8	12	8153	14	36	2	-1.4	-3.9	518	ME	VE
10	3	8171	23	51	29	-3.9	0.7	242	VE	SA
9	1	8197	2	27	15	-0.9	0.6	104	ME	SA
24	7	8227	1	31	5	-1.5	-2.0	416	ME	GI
22	1	8257	21	44	5	-0.9	1.6	196	MA	MA
20	12	8267	22	24	12	1.7	5.6	288	MA	UR
6	9	8280	15	22	40	-3.9	0.5	427	VE	SA
25	10	8308	0	44	17	-3.9	0.6	566	VE	SA
20	7	8326	12	11	4	-1.6	-3.9	436	ME	VE
9	7	8359	1	53	13	-0.8	0.8	220	ME	SA
30	1	8428	20	7	9	-0.7	-2.1	191	ME	VE
27	4	8436	3	37	17	1.1	8.0	191	MA	NE
7	1	8445	4	44	13	-3.9	5.6	269	VE	UR
9	8	8469	5	36	12	-1.0	7.9	62	ME	NE
15	3	8498	21	59	46	-4.2	-1.9	1430	VE	GI
6	5	8498	0	2	6	1.1	-1.9	1157	MA	GI
11	11	8516	10	44	8	-1.6	0.6	215	ME	SA
23	7	8527	3	36	98	0.5	-2.1	3114	MA	GI

GG	MM	AAAA	HH	MM	ELONG	MAG1	MAG2	T	PIANETI	
4	2	8536	16	3	8	1.7	-3.9	111	ME	VE
8	10	8545	19	46	15	-3.9	0.6	377	VE	SA
17	6	8560	17	27	13	1.1	5.9	227	MA	UR
18	5	8594	22	27	14	-1.1	1.0	242	ME	MA
29	7	8611	8	7	9	2.3	1.1	177	ME	MA
8	10	8622	10	37	37	-3.9	-1.7	796	VE	GI
26	7	8628	11	6	9	-1.2	7.9	84	ME	NE
22	11	8633	14	10	18	-0.4	-1.8	217	ME	GI
27	2	8674	9	38	12	-1.6	0.8	9668	GI	SA
19	6	8677	6	50	3	-1.6	-2.0	525	ME	GI
29	9	8690	5	59	5	-1.8	1.3	106	ME	MA
27	12	8720	16	13	41	-4.0	1.4	819	VE	MA
25	10	8722	3	55	8	-1.4	0.6	185	ME	SA
27	7	8723	16	56	66	-2.1	5.8	7413	GI	UR
12	4	8732	6	26	34	-3.9	8.0	304	VE	NE
21	5	8929	12	37	8	-1.3	-3.9	366	ME	VE
19	1	8948	9	16	4	-1.1	5.6	34	ME	UR
10	6	8970	1	5	39	-3.9	5.8	363	VE	UR
10	4	9090	22	35	18	-0.6	0.8	368	ME	SA
25	12	9093	4	36	2	-1.4	-3.9	257	ME	VE
7	5	9207	3	17	13	-3.9	0.8	527	VE	SA
17	8	9228	8	37	18	0.7	1.2	669	ME	MA
24	4	9254	7	24	19	-0.5	8.0	29	ME	NE
29	8	9302	17	2	27	0.4	-4.2	1241	ME	VE
1	10	9310	2	25	20	-0.3	0.6	93	ME	SA
24	4	9392	0	54	18	-0.6	5.9	160	ME	UR
17	5	9412	21	9	24	-3.9	-1.9	989	VE	GI
15	10	9439	0	3	42	-4.0	1.6	178	VE	MA
6	12	9445	1	12	23	-3.8	5.6	206	VE	UR
29	3	9473	12	47	34	-3.9	0.8	240	VE	SA
20	2	9479	19	1	11	-3.9	-1.5	921	VE	GI
27	2	9511	21	16	7	-1.1	-3.9	850	ME	VE
19	11	9512	21	33	23	-1.6	8.0	3636	GI	NE
3	5	9562	9	18	12	-0.9	0.8	312	ME	SA
13	3	9583	22	23	2	-0.9	1.6	195	ME	MA
12	7	9646	23	34	47	-4.3	5.9	659	VE	UR
30	3	9717	18	33	21	-3.9	-1.6	902	VE	GI
19	11	9753	10	46	3	-1.9	0.6	245	ME	SA
16	9	9757	7	5	3	-1.8	5.8	50	ME	UR
26	4	9805	10	27	8	-3.9	1.4	492	VE	MA
1	11	9811	21	56	4	-3.9	0.6	542	VE	SA
17	9	9814	15	41	108	-2.3	5.7	24014	GI	UR
17	8	9864	5	58	6	-1.5	-2.0	382	ME	GI
6	4	9880	3	1	25	-3.9	0.7	543	VE	SA
23	6	9894	5	27	40	-4.0	5.8	211	VE	UR
9	3	9898	1	58	77	-2.1	5.8	1260	GI	UR
4	3	9936	22	42	29	-3.9	0.6	590	VE	SA
19	1	9994	2	59	1	-1.4	-3.9	478	ME	VE

(1) Difficilmente visibile
(2) Difficilmente visibile a causa della magnitudine di
    Nettuno
(3) Impossibile da vedere causa bassa elongazione

(1) Invisible
(2) Invisible
(3) Invisible

OCCULTAZIONI LUNA-PIANETI
OCCULTATIONS MOON-PLANETS
2000-2100

```
GG MM AAAA : data nel formato giorno/mese/anno
HH MM : ore e minuti
ELONG : elongazione in gradi dal Sole dei corpi
MAG : magnitudine del pianeta
MAGL : magnitudine della Luna
T : durata in secondi
PIANETI : corpi coinvolti : MErcurio, VEnere, MArte, GIove,
                            SAturno, URano, NEttuno
```

```
GG MM AAAA : date in the format dd/mm/yyyy
HH MM : hours and minutes
ELONG : elongation in ° from the Sun of the bodies
MAG1 : magnitude of the planet
MAGL : magnitude of the Moon
T : duration in seconds
PIANETI : planets : MErcury, VEnus, MArs, GI (Jupiter),
                    SAturn, URanus, NEptune
```

GG	MM	AAAA	HH	MM	ELONG	MAG	MAGL	T	PIANETA
8	1	2000	5	43	16	8.0	-7.3	3491	NE
9	1	2000	5	1	27	5.9	-8.4	3325	UR
4	2	2000	14	20	11	8.0	-6.4	3421	NE
5	2	2000	14	24	1	5.9	-1.9	3128	UR
2	3	2000	23	56	37	8.0	-9.0	3298	NE
4	3	2000	1	3	26	5.9	-8.3	2841	UR
4	3	2000	1	6	26	-3.8	-8.3	3296	VE
30	3	2000	9	45	64	7.9	-10.1	2939	NE
31	3	2000	12	11	52	5.9	-9.7	2153	UR
26	4	2000	18	43	90	7.9	-10.8	2076	NE
29	7	2000	17	13	20	-0.1	-7.8	2662	ME
30	7	2000	11	54	9	1.6	-6.1	2899	MA
1	8	2000	2	5	14	-3.9	-7.1	2022	VE
13	8	2000	17	5	163	7.8	-12.4	650	NE
28	8	2000	3	21	18	1.7	-7.6	2383	MA
9	9	2000	22	53	136	7.9	-11.9	177	NE
23	5	2001	6	27	3	0.5	-4.0	1548	SA
24	5	2001	7	36	16	-1.9	-7.3	252	GI
19	6	2001	22	0	21	0.5	-7.9	2428	SA
21	6	2001	3	32	5	-1.8	-4.8	2742	GI
17	7	2001	13	28	44	0.4	-9.5	2987	SA
17	7	2001	17	35	42	-4.0	-9.4	3534	VE
19	7	2001	0	11	25	-1.9	-8.3	3299	GI
19	7	2001	13	9	18	-0.5	-7.6	2304	ME
14	8	2001	2	56	68	0.4	-10.3	3351	SA
15	8	2001	19	47	46	-1.9	-9.6	3200	GI
10	9	2001	12	49	93	0.3	-11.0	3394	SA
12	9	2001	12	24	68	-2.0	-10.4	2204	GI
7	10	2001	18	44	120	0.2	-11.6	3118	SA
23	10	2001	20	11	87	-0.1	-10.7	3759	MA
3	11	2001	22	17	148	0.1	-12.3	2935	SA
1	12	2001	2	5	177	0.0	-12.7	3109	SA
14	12	2001	6	13	7	-3.9	-5.7	2753	VE
28	12	2001	7	53	153	0.0	-12.4	3320	SA
30	12	2001	14	0	178	-2.6	-12.8	551	GI
24	1	2002	15	38	124	0.1	-11.7	3420	SA
26	1	2002	18	56	151	-2.6	-12.4	2304	GI
21	2	2002	0	21	96	0.2	-11.0	3459	SA
23	2	2002	2	12	121	-2.4	-11.7	2445	GI
20	3	2002	9	37	70	0.3	-10.3	3279	SA
22	3	2002	11	28	95	-2.2	-11.0	1308	GI
16	4	2002	19	49	45	0.4	-9.4	2688	SA
14	5	2002	7	37	22	0.5	-7.9	1539	SA
14	5	2002	18	49	27	1.5	-8.4	3086	MA
14	5	2002	23	15	29	-3.8	-8.6	2707	VE
12	6	2002	11	52	19	1.6	-7.6	2244	MA
5	12	2002	4	18	12	-0.7	-6.7	3211	ME
30	12	2002	1	37	50	1.4	-9.8	1677	MA
27	1	2003	14	59	61	1.2	-10.2	3278	MA
29	5	2003	3	57	22	-3.8	-7.8	3988	VE
17	7	2003	8	1	135	-2.0	-11.9	3384	MA
9	9	2003	11	59	165	-2.8	-12.5	948	MA
6	10	2003	15	40	137	-2.1	-12.0	1987	MA

GG	MM	AAAA	HH	MM	ELONG	MAG	MAGL	T	PIANETA
25	10	2003	13	10	2	-1.0	-2.6	1937	ME
26	10	2003	19	53	18	-3.9	-7.7	3461	VE
25	11	2003	3	16	17	-0.5	-7.6	3430	ME
26	2	2004	2	16	68	0.9	-10.2	2641	MA
25	3	2004	23	28	57	1.2	-9.9	2775	MA
21	5	2004	12	11	25	-4.1	-8.1	3481	VE
13	10	2004	9	22	9	1.7	-6.2	1631	MA
14	10	2004	14	25	6	-0.9	-5.3	3708	ME
9	11	2004	16	32	38	-1.6	-9.2	2370	GI
10	11	2004	1	31	33	-3.9	-8.9	3645	VE
11	11	2004	3	59	19	1.6	-7.8	3248	MA
14	11	2004	3	0	21	-0.2	-8.0	2508	ME
7	12	2004	10	58	61	-1.7	-10.2	3368	GI
4	1	2005	1	21	86	-1.9	-10.8	3389	GI
31	1	2005	10	1	113	-2.1	-11.4	2573	GI
27	2	2005	13	37	141	-2.3	-12.1	1821	GI
26	3	2005	14	53	171	-2.4	-12.6	2375	GI
9	4	2005	0	40	2	-3.9	-3.0	2105	VE
22	4	2005	17	1	159	-2.3	-12.5	3083	GI
19	5	2005	22	4	130	-2.2	-11.8	3375	GI
31	5	2005	9	44	78	0.3	-10.6	3278	MA
16	6	2005	6	29	104	-2.0	-11.1	3390	GI
13	7	2005	17	40	80	-1.9	-10.5	2971	GI
8	8	2005	5	10	34	-3.8	-8.8	1289	VE
10	8	2005	6	57	57	-1.7	-9.9	1051	GI
7	9	2005	8	28	40	-3.9	-9.2	3403	VE
4	10	2005	11	21	12	-0.6	-6.6	2918	ME
12	12	2005	4	24	138	-1.4	-12.1	1019	MA
27	3	2006	16	17	25	5.9	-8.4	721	UR
24	4	2006	3	17	50	5.9	-9.8	1665	UR
24	4	2006	14	0	44	-4.1	-9.6	3336	VE
21	5	2006	11	11	76	5.9	-10.6	2435	UR
17	6	2006	17	4	102	5.8	-11.2	2935	UR
14	7	2006	22	53	128	5.8	-11.9	3111	UR
27	7	2006	18	0	29	1.7	-8.4	2074	MA
11	8	2006	6	10	155	5.7	-12.5	3102	UR
25	8	2006	13	7	19	1.7	-7.5	3431	MA
7	9	2006	15	4	178	5.7	-12.8	3035	UR
21	9	2006	14	36	10	-3.9	-6.1	2775	VE
5	10	2006	0	25	150	5.7	-12.5	2984	UR
1	11	2006	8	36	122	5.8	-11.8	3060	UR
28	11	2006	15	3	95	5.8	-11.1	3246	UR
10	12	2006	11	57	113	0.2	-11.4	1498	SA
25	12	2006	21	11	67	5.9	-10.4	3298	UR
6	1	2007	19	6	142	0.1	-12.1	2505	SA
19	1	2007	19	8	9	-1.1	-6.1	702	ME
20	1	2007	17	26	21	-3.9	-8.0	2986	VE
22	1	2007	5	27	41	5.9	-9.4	3139	UR
2	2	2007	23	43	171	0.1	-12.6	2470	SA
18	2	2007	16	54	14	5.9	-7.2	2931	UR
2	3	2007	2	22	159	0.1	-12.4	1859	SA
17	3	2007	4	10	27	0.3	-8.6	860	ME
18	3	2007	6	22	12	5.9	-6.8	2741	UR

GG	MM	AAAA	HH	MM	ELONG	MAG	MAGL	T	PIANETA
29	3	2007	5	7	130	0.2	-11.8	1170	SA
14	4	2007	1	28	48	0.9	-9.7	3200	MA
14	4	2007	19	28	38	5.9	-9.2	2411	UR
25	4	2007	10	25	103	0.3	-11.1	1779	SA
12	5	2007	6	9	63	5.9	-10.3	1477	UR
22	5	2007	19	34	78	0.4	-10.5	2768	SA
18	6	2007	15	12	45	-4.4	-9.5	3316	VE
19	6	2007	8	8	54	0.5	-9.8	3344	SA
3	7	2007	20	19	140	7.8	-12.1	644	NE
16	7	2007	22	33	30	0.5	-8.6	3486	SA
31	7	2007	2	20	166	7.8	-12.6	1016	NE
12	8	2007	16	17	4	-1.7	-4.2	3991	ME
13	8	2007	13	12	7	0.6	-5.5	3307	SA
27	8	2007	10	13	167	7.8	-12.6	209	NE
10	9	2007	2	51	16	0.6	-7.3	2762	SA
7	10	2007	14	56	40	0.5	-9.2	960	SA
21	10	2007	4	20	112	7.9	-11.4	1038	NE
17	11	2007	11	57	85	7.9	-10.8	2255	NE
14	12	2007	18	29	57	7.9	-10.0	2963	NE
24	12	2007	3	4	176	-1.7	-12.8	2249	MA
9	1	2008	15	42	14	-0.9	-7.0	3832	ME
11	1	2008	1	35	30	8.0	-8.7	3230	NE
19	1	2008	23	40	145	-1.1	-12.4	1510	MA
7	2	2008	10	45	4	8.0	-4.1	3292	NE
5	3	2008	14	10	27	0.2	-8.5	3639	ME
5	3	2008	19	9	24	-3.8	-8.2	3657	VE
5	3	2008	21	49	23	8.0	-8.1	3331	NE
2	4	2008	9	15	50	8.0	-9.7	3390	NE
12	4	2008	6	0	83	0.9	-10.8	1150	MA
29	4	2008	19	14	76	7.9	-10.5	3347	NE
10	5	2008	13	54	70	1.2	-10.4	3392	MA
27	5	2008	2	44	102	7.9	-11.1	3066	NE
8	6	2008	1	29	58	1.4	-10.1	2050	MA
23	6	2008	8	7	128	7.9	-11.7	2686	NE
20	7	2008	12	47	155	7.8	-12.3	2559	NE
1	8	2008	15	37	3	-1.6	-3.8	698	ME
16	8	2008	18	17	178	7.8	-12.6	2695	NE
13	9	2008	1	22	151	7.8	-12.3	2791	NE
30	9	2008	10	26	14	1.1	-6.9	1559	ME
10	10	2008	9	43	124	7.9	-11.7	2609	NE
6	11	2008	18	14	97	7.9	-11.0	1768	NE
1	12	2008	15	35	43	-4.0	-9.3	2946	VE
29	12	2008	3	46	18	-0.6	-7.5	3380	ME
29	12	2008	9	28	20	-1.9	-7.7	3158	GI
25	1	2009	2	45	13	1.2	-6.8	3041	MA
26	1	2009	4	37	2	-1.8	-2.2	3670	GI
22	2	2009	21	20	25	0.1	-8.2	2077	ME
23	2	2009	0	31	23	-1.9	-8.0	2966	GI
28	2	2009	0	1	35	-4.6	-9.0	948	VE
22	4	2009	13	23	33	-4.5	-8.9	2169	VE
13	9	2009	16	22	69	0.8	-10.4	1673	MA
18	9	2009	23	52	5	3.3	-5.0	1621	ME
12	10	2009	0	53	81	0.6	-10.8	1610	MA

GG	MM	AAAA	HH	MM	ELONG	MAG	MAGL	T	PIANETA
16	5	2010	10	17	30	-3.8	-8.7	3626	VE
11	9	2010	12	57	44	-4.6	-9.5	3367	VE
5	11	2010	8	25	12	-2.9	-6.9	3188	VE
6	12	2010	21	41	14	1.2	-7.1	3237	MA
30	6	2011	7	35	13	-3.9	-6.8	3760	VE
27	7	2011	16	51	39	1.3	-9.1	3314	MA
28	10	2011	2	11	18	-0.3	-7.7	3460	ME
17	6	2012	8	12	25	-1.9	-8.1	903	GI
15	7	2012	3	3	46	-2.0	-9.4	3338	GI
20	7	2012	7	34	14	1.6	-7.0	2994	ME
11	8	2012	20	32	68	-2.1	-10.2	3678	GI
13	8	2012	19	52	46	-4.3	-9.4	3398	VE
8	9	2012	11	7	91	-2.3	-10.8	3110	GI
19	9	2012	20	36	51	1.1	-9.8	3383	MA
5	10	2012	21	0	117	-2.5	-11.4	2248	GI
17	10	2012	2	10	22	-0.1	-8.1	316	ME
2	11	2012	1	10	145	-2.7	-12.1	2309	GI
14	11	2012	10	34	7	1.8	-5.8	1784	ME
29	11	2012	0	59	175	-2.7	-12.5	3026	GI
12	12	2012	0	34	19	-0.4	-7.9	1788	ME
26	12	2012	0	15	154	-2.7	-12.3	3393	GI
22	1	2013	3	9	124	-2.5	-11.6	3317	GI
18	2	2013	11	46	97	-2.3	-11.0	2327	GI
9	5	2013	13	59	5	1.2	-4.6	3498	MA
9	5	2013	19	12	2	-1.8	-3.1	4144	ME
8	7	2013	11	45	5	3.7	-4.6	3402	ME
8	9	2013	20	52	41	-3.9	-9.3	3485	VE
3	11	2013	6	52	3	3.5	-4.0	3029	ME
1	12	2013	9	31	22	0.8	-8.1	664	SA
1	12	2013	22	33	15	-0.7	-7.3	3391	ME
29	12	2013	1	7	47	0.8	-9.7	2309	SA
25	1	2014	13	49	73	0.7	-10.6	3016	SA
21	2	2014	22	13	100	0.6	-11.2	3304	SA
26	2	2014	5	18	44	-4.6	-9.6	3302	VE
21	3	2014	3	15	127	0.5	-11.8	3325	SA
17	4	2014	7	14	155	0.4	-12.4	3188	SA
14	5	2014	12	8	176	0.4	-12.7	2957	SA
10	6	2014	18	37	148	0.5	-12.3	2895	SA
26	6	2014	11	59	10	2.1	-6.3	3343	ME
6	7	2014	1	30	96	0.0	-11.0	3565	MA
8	7	2014	2	16	121	0.5	-11.6	3169	SA
4	8	2014	10	31	95	0.6	-11.0	3447	SA
14	8	2014	16	25	125	5.8	-11.8	1556	UR
31	8	2014	19	8	70	0.7	-10.3	3338	SA
11	9	2014	1	8	153	5.7	-12.5	1800	UR
28	9	2014	4	41	45	0.8	-9.5	2792	SA
8	10	2014	10	3	179	5.7	-12.8	1454	UR
22	10	2014	21	32	12	0.7	-6.6	2731	ME
23	10	2014	21	13	1	-3.9	-1.4	3831	VE
25	10	2014	16	4	21	0.9	-7.9	1941	SA
4	11	2014	17	41	151	5.7	-12.4	833	UR
1	12	2014	23	24	123	5.8	-11.8	1209	UR
29	12	2014	4	29	95	5.8	-11.1	2242	UR

```
GG MM AAAA   HH MM  ELONG   MAG   MAGL     T   PIANETA

25  1 2015   11 33    68    5.9  -10.4  2909   UR
21  2 2015   22  8    41    5.9   -9.5  3141   UR
21  3 2015   11 16    15    5.9   -7.3  3185   UR
21  3 2015   22 43    22    1.2   -8.1  2331   MA
18  4 2015    0 36    11    5.9   -6.5  3205   UR
15  5 2015   12  3    36    5.9   -9.1  3203   UR
11  6 2015   20 42    61    5.9  -10.2  3059   UR
15  6 2015    2 28    19    0.9   -7.7  3396   ME
 9  7 2015    3 11    86    5.8  -10.8  2650   UR
19  7 2015    0 55    34   -4.5   -8.8  3471   VE
 5  8 2015    9 15   112    5.8  -11.5  2109   UR
 1  9 2015   16 30   139    5.7  -12.2  1888   UR
29  9 2015    1 23   167    5.7  -12.7  2103   UR
 8 10 2015   20  8    45   -4.5   -9.4  3190   VE
11 10 2015   11 22    17   -0.1   -7.3  2291   ME
26 10 2015   10 51   165    5.7  -12.7  2336   UR
22 11 2015   19 10   137    5.7  -12.2  2284   UR
 6 12 2015    2 39    60    1.4  -10.0  3772   MA
 7 12 2015   17 20    42   -4.0   -9.3  3317   VE
20 12 2015    1 27   109    5.8  -11.4  1598   UR
 6  4 2016    8  8    16   -3.9   -7.5  2982   VE
 3  6 2016   10  5    24    0.5   -8.3  2799   ME
25  6 2016   23 58   113    7.9  -11.4  1338   NE
 9  7 2016    9 41    61   -1.7  -10.0  2621   GI
23  7 2016    5  4   139    7.8  -12.1  1917   NE
 4  8 2016   21 53    25    0.2   -8.2  3449   ME
 6  8 2016    3 24    39   -1.6   -9.1  3559   GI
19  8 2016   11 32   166    7.8  -12.6  1875   NE
 2  9 2016   22 10    18   -1.6   -7.4  3455   GI
 3  9 2016   11 17    24   -3.8   -8.1  1576   VE
15  9 2016   19 57   167    7.8  -12.7  1574   NE
29  9 2016   10 13    18   -0.4   -7.4  3147   ME
30  9 2016   16 46     4   -1.6   -4.2  2464   GI
13 10 2016    5 27   139    7.8  -12.2  1537   NE
 9 11 2016   14 24   112    7.9  -11.5  2134   NE
 6 12 2016   21 42    84    7.9  -10.8  2846   NE
 3  1 2017    4  1    57    7.9  -10.0  3237   NE
 3  1 2017    6 39    58    0.8  -10.1  3541   MA
30  1 2017   11 20    30    8.0   -8.7  3331   NE
26  2 2017   20 58     3    8.0   -3.9  3323   NE
26  3 2017    8 24    23    8.0   -8.2  3324   NE
22  4 2017   19 56    49    7.9   -9.7  3313   NE
20  5 2017    5 47    75    7.9  -10.5  3160   NE
16  6 2017   13  5   101    7.9  -11.1  2803   NE
13  7 2017   18 20   128    7.8  -11.7  2479   NE
25  7 2017    9 13    27    0.3   -8.4  2657   ME
 9  8 2017   23  7   154    7.8  -12.3  2492   NE
 6  9 2017    5  1   178    7.8  -12.6  2681   NE
18  9 2017    0 41    28   -3.8   -8.5  3298   VE
18  9 2017   19 48    18    1.7   -7.5  3473   MA
18  9 2017   23 21    16   -0.8   -7.3  3779   ME
 3 10 2017   12 40   152    7.8  -12.3  2741   NE
30 10 2017   21 26   124    7.8  -11.7  2462   NE
```

GG	MM	AAAA	HH	MM	ELONG	MAG	MAGL	T	PIANETA
27	11	2017	5	59	96	7.9	-11.0	1355	NE
15	2	2018	18	23	2	-1.2	-2.3	1721	ME
16	2	2018	16	30	9	-3.9	-6.1	3470	VE
8	9	2018	22	47	11	-1.3	-6.7	2640	ME
16	11	2018	4	53	96	-0.4	-11.0	2148	MA
9	12	2018	5	21	22	0.9	-7.9	877	SA
5	1	2019	18	43	3	0.9	-3.9	2373	SA
31	1	2019	17	37	45	-4.2	-9.5	3925	VE
2	2	2019	7	5	28	0.9	-8.4	3050	SA
5	2	2019	7	9	5	-1.3	-4.7	4157	ME
1	3	2019	18	28	53	0.8	-9.7	3494	SA
29	3	2019	5	0	79	0.8	-10.5	3609	SA
25	4	2019	14	31	105	0.7	-11.1	3387	SA
22	5	2019	22	18	131	0.6	-11.8	3168	SA
19	6	2019	3	50	159	0.5	-12.4	3249	SA
4	7	2019	5	41	19	1.7	-7.8	3357	MA
16	7	2019	7	17	173	0.5	-12.5	3445	SA
31	7	2019	20	46	4	-3.9	-4.4	3104	VE
12	8	2019	9	54	146	0.5	-12.1	3530	SA
8	9	2019	13	43	118	0.6	-11.5	3547	SA
5	10	2019	20	38	92	0.7	-10.9	3457	SA
2	11	2019	7	24	66	0.8	-10.2	3048	SA
28	11	2019	10	58	23	-1.8	-8.1	2799	GI
29	11	2019	21	8	40	0.9	-9.3	2212	SA
26	12	2019	7	32	1	-1.7	-1.7	3461	GI
29	12	2019	1	57	34	-3.9	-8.9	2146	VE
23	1	2020	2	42	21	-1.8	-7.9	3385	GI
18	2	2020	13	26	58	1.1	-10.0	2834	MA
19	2	2020	19	41	43	-1.8	-9.4	2238	GI
18	3	2020	8	26	67	0.8	-10.3	2893	MA
19	6	2020	8	33	23	-3.9	-8.0	2796	VE
9	8	2020	8	40	115	-1.3	-11.3	2994	MA
6	9	2020	4	46	136	-2.1	-11.9	3642	MA
3	10	2020	4	1	165	-2.6	-12.4	2885	MA
12	12	2020	21	7	25	-3.9	-8.4	2843	VE
14	12	2020	10	53	3	-0.8	-3.9	2390	ME
17	4	2021	12	11	59	1.3	-9.9	3745	MA
12	5	2021	22	31	12	-3.9	-6.6	3220	VE
3	11	2021	19	38	15	-0.8	-7.3	1828	ME
8	11	2021	5	29	47	-4.5	-9.7	1774	VE
3	12	2021	0	53	18	1.5	-7.8	2869	MA
4	12	2021	12	44	3	-0.8	-4.0	3515	ME
31	12	2021	19	53	27	1.4	-8.6	2330	MA
7	2	2022	20	34	82	5.8	-10.6	1336	UR
7	3	2022	6	47	55	5.8	-9.9	2658	UR
3	4	2022	17	53	29	5.8	-8.5	3141	UR
1	5	2022	4	29	4	5.9	-4.1	3342	UR
27	5	2022	3	4	38	-3.9	-9.0	3830	VE
28	5	2022	13	54	21	5.9	-7.8	3469	UR
22	6	2022	19	8	70	0.5	-10.3	2601	MA
24	6	2022	22	16	46	5.8	-9.4	3554	UR
21	7	2022	15	56	78	0.3	-10.5	2098	MA
22	7	2022	6	13	71	5.8	-10.3	3486	UR

GG	MM	AAAA	HH	MM	ELONG	MAG	MAGL	T	PIANETA
18	8	2022	14	16	97	5.7	-11.0	3159	UR
14	9	2022	22	28	123	5.7	-11.6	2726	UR
12	10	2022	6	13	151	5.6	-12.3	2581	UR
24	10	2022	16	6	10	-1.1	-6.3	3674	ME
25	10	2022	12	6	1	-3.9	-1.7	3659	VE
8	11	2022	12	41	179	5.6	-12.6	2783	UR
24	11	2022	14	42	9	-0.7	-6.2	2515	ME
5	12	2022	17	33	152	5.6	-12.3	2977	UR
8	12	2022	4	15	177	-1.9	-12.6	3057	MA
1	1	2023	21	47	124	5.7	-11.7	2904	UR
3	1	2023	19	53	145	-1.3	-12.2	3145	MA
29	1	2023	3	29	96	5.7	-11.0	2345	UR
31	1	2023	4	29	119	-0.4	-11.5	3611	MA
22	2	2023	22	58	37	-2.0	-9.2	1866	GI
25	2	2023	12	14	69	5.8	-10.4	762	UR
28	2	2023	4	13	99	0.3	-11.0	1546	MA
22	3	2023	20	22	15	-2.0	-7.3	3128	GI
24	3	2023	10	33	35	-3.9	-9.0	3681	VE
19	4	2023	17	27	6	-2.0	-5.2	3397	GI
17	5	2023	12	41	26	-2.0	-8.4	2809	GI
1	9	2023	8	24	162	7.8	-12.6	1044	NE
16	9	2023	20	1	20	1.6	-7.6	3226	MA
28	9	2023	18	5	170	7.8	-12.7	651	NE
14	10	2023	8	51	4	-1.2	-4.4	3521	ME
15	10	2023	15	26	10	1.5	-6.3	2364	MA
9	11	2023	10	35	46	-4.2	-9.4	2540	VE
19	12	2023	14	18	88	7.9	-10.9	1513	NE
15	1	2024	21	11	60	7.9	-10.2	2445	NE
12	2	2024	7	17	33	7.9	-9.0	2830	NE
10	3	2024	19	50	7	8.0	-5.6	2960	NE
11	3	2024	3	25	11	-1.4	-6.7	2608	ME
6	4	2024	10	20	33	0.7	-9.0	1761	SA
7	4	2024	8	31	20	8.0	-7.9	3046	NE
7	4	2024	16	19	15	-3.9	-7.3	3340	VE
3	5	2024	23	12	57	0.7	-10.1	2663	SA
4	5	2024	19	9	46	7.9	-9.6	3171	NE
5	5	2024	2	17	42	1.0	-9.4	3368	MA
31	5	2024	8	28	82	0.6	-10.7	3195	SA
1	6	2024	2	56	71	7.9	-10.5	3274	NE
27	6	2024	14	58	107	0.5	-11.3	3298	SA
28	6	2024	8	43	97	7.9	-11.1	3210	NE
24	7	2024	20	30	134	0.4	-12.0	3127	SA
25	7	2024	14	28	123	7.8	-11.8	2980	NE
21	8	2024	2	43	161	0.3	-12.6	3031	SA
21	8	2024	21	50	150	7.8	-12.4	2806	NE
5	9	2024	9	0	25	-3.8	-8.1	1746	VE
17	9	2024	10	10	170	0.3	-12.8	3108	SA
18	9	2024	7	6	177	7.8	-12.8	2817	NE
14	10	2024	18	9	142	0.4	-12.3	3211	SA
15	10	2024	17	6	155	7.8	-12.6	2906	NE
11	11	2024	1	40	114	0.5	-11.6	3290	SA
12	11	2024	1	57	127	7.8	-11.9	2918	NE
8	12	2024	8	42	86	0.6	-10.9	3270	SA

GG	MM	AAAA	HH	MM	ELONG	MAG	MAGL	T	PIANETA
9	12	2024	8	39	99	7.9	-11.2	2672	NE
18	12	2024	9	19	141	-1.1	-12.2	2353	MA
4	1	2025	16	52	60	0.6	-10.2	2929	SA
5	1	2025	14	22	72	7.9	-10.5	1958	NE
14	1	2025	3	50	175	-1.4	-12.7	3237	MA
1	2	2025	4	2	35	0.7	-9.1	2149	SA
1	2	2025	21	38	45	7.9	-9.6	513	NE
9	2	2025	19	51	147	-1.0	-12.3	2601	MA
1	3	2025	4	23	16	-0.9	-7.4	3473	ME
30	6	2025	1	17	59	1.3	-10.0	3584	MA
28	7	2025	18	31	48	1.4	-9.5	1045	MA
19	9	2025	12	32	27	-3.9	-8.4	3022	VE
16	2	2026	18	18	9	1.1	-6.1	2935	MA
18	2	2026	23	11	18	-0.5	-7.6	3630	ME
17	6	2026	20	32	39	-3.9	-9.2	3450	VE
8	9	2026	18	45	31	-1.7	-8.8	2656	GI
14	9	2026	11	36	41	-4.6	-9.3	3384	VE
5	10	2026	6	13	68	1.0	-10.4	1681	MA
6	10	2026	10	25	53	-1.8	-9.9	3384	GI
2	11	2026	13	40	81	0.8	-10.7	2169	MA
2	11	2026	22	47	76	-1.9	-10.6	3157	GI
7	11	2026	10	44	22	-4.0	-7.9	2078	VE
30	11	2026	8	26	101	-2.1	-11.2	1830	GI
8	1	2027	5	19	5	-1.0	-4.6	3780	ME
8	2	2027	3	56	17	-0.1	-7.3	3478	ME
20	2	2027	4	59	169	-2.5	-12.8	1744	GI
6	3	2027	6	33	24	0.4	-8.1	1056	ME
19	3	2027	9	27	139	-2.3	-12.2	2407	GI
15	4	2027	14	20	112	-2.2	-11.5	2299	GI
12	5	2027	21	54	86	-2.0	-10.9	671	GI
1	8	2027	15	59	11	-1.4	-6.6	3548	ME
2	8	2027	5	27	3	-3.9	-3.6	3052	VE
30	11	2027	13	37	28	-3.8	-8.5	2641	VE
28	12	2027	16	37	10	-0.9	-6.1	3253	ME
29	12	2027	11	53	18	1.1	-7.5	3399	MA
27	1	2028	16	42	12	0.7	-6.5	2305	ME
23	2	2028	0	6	26	0.2	-8.3	3767	ME
30	3	2028	4	38	46	-4.4	-9.5	2378	VE
25	5	2028	5	52	12	-2.6	-6.6	2582	VE
17	8	2028	18	42	37	1.4	-9.1	3282	MA
15	9	2028	17	43	43	-4.0	-9.5	2233	VE
20	9	2028	5	23	21	0.5	-8.1	1537	ME
13	1	2029	7	47	17	-3.9	-7.4	2863	VE
11	2	2029	4	23	26	0.1	-8.3	2175	ME
9	9	2029	8	16	13	1.3	-7.0	2491	ME
29	9	2029	7	1	108	5.6	-11.2	2193	UR
11	10	2029	1	45	46	-4.2	-9.7	2601	VE
11	10	2029	16	16	54	0.9	-10.0	3422	MA
26	10	2029	12	24	135	5.6	-11.9	2739	UR
22	11	2029	16	25	163	5.5	-12.5	2737	UR
19	12	2029	20	45	168	5.5	-12.5	2436	UR
16	1	2030	2	35	139	5.6	-12.0	2265	UR
12	2	2030	10	0	111	5.6	-11.3	2667	UR

```
GG MM AAAA    HH MM  ELONG   MAG   MAGL    T   PIANETA

11  3 2030    18 28    83    5.7  -10.6  3253   UR
 4  4 2030    15  2    19   -0.1   -7.6  2475   ME
 8  4 2030     3 19    57    5.7   -9.9  3562   UR
 5  5 2030    12 14    32    5.7   -8.6  3595   UR
 1  6 2030     2 40     2    1.4   -2.4  3639   MA
 1  6 2030    21 19     7    5.7   -5.3  3519   UR
29  6 2030     6 45    18    5.7   -7.4  3388   UR
26  7 2030    16 35    43    5.7   -9.2  3096   UR
23  8 2030     2 26    68    5.7  -10.2  2364   UR
29  8 2030     1 54     5    3.5   -4.8  2487   ME
28 10 2030    17 19    26   -1.7   -8.5  1101   GI
25 11 2030    13 38     4   -1.7   -4.5  2895   GI
25 11 2030    22  9     9   -3.9   -6.3  2876   VE
23 12 2030    10 55    18   -1.7   -7.8  3254   GI
20  1 2031     6 37    41   -1.7   -9.5  2865   GI
16  2 2031    22 34    64   -1.9  -10.3   423   GI
24  3 2031    10 53    16    0.4   -7.3  3448   ME
26  3 2031     4 17    36   -3.9   -9.0  2629   VE
28  3 2031     1  1    58    0.4   -9.9   239   SA
24  4 2031    14 48    33    0.5   -8.8  2863   SA
22  5 2031     4 44    10    0.5   -6.2  3459   SA
18  6 2031    18  4    13    0.5   -6.7  3626   SA
30  6 2031     6 37   118   -0.9  -11.6  3256   MA
16  7 2031     6 37    36    0.4   -8.9  3452   SA
28  7 2031     6 34   100   -0.3  -11.1  1802   MA
12  8 2031    18 24    59    0.4   -9.9  2771   SA
17  8 2031     9 45    10    1.9   -6.2   798   ME
 9  9 2031     5 15    84    0.3  -10.6  1148   SA
13  9 2031    10 33    38   -4.6   -9.0  3566   VE
17 10 2031    14 17    16   -0.4   -7.3  3690   ME
30 11 2031     2 15   167    0.0  -12.5   556   SA
27 12 2031     4 45   163    0.0  -12.5  1685   SA
10  1 2032     7 49    35   -3.9   -9.1  2830   VE
23  1 2032     7 13   134    0.1  -11.9  1131   SA
12  3 2032     7 19     9    1.7   -6.2  3005   ME
14  3 2032     3 20    33    1.2   -8.9   917   MA
12  4 2032     1 42    25    1.3   -8.3  1702   MA
 9  5 2032     1 16     6   -3.9   -5.3  2970   VE
 1 12 2032     5 23    20   -0.4   -7.8  3265   ME
27 12 2032    13  1    60    1.3  -10.1  3415   MA
 3  2 2033     1 34    44   -4.7   -9.6  3344   VE
 1  3 2033     4 10     4    3.3   -4.7  2958   ME
26  4 2033     6 19    40   -4.6   -9.4  3125   VE
28  4 2033     9  8    10   -1.2   -6.5  2708   ME
23  6 2033    11  3    44   -4.1   -9.5  3559   VE
18  7 2033    16 54    96    7.9  -11.1   660   NE
14  8 2033    22 55   122    7.8  -11.7  1815   NE
11  9 2033     6 43   149    7.8  -12.4  1991   NE
 8 10 2033    16 20   177    7.8  -12.8  1797   NE
 5 11 2033     2 21   155    7.8  -12.6  1591   NE
20 11 2033    11 32    18   -0.6   -7.4  3509   ME
 2 12 2033    10 49   127    7.8  -11.9  1901   NE
29 12 2033    17  5    99    7.9  -11.2  2573   NE
```

```
GG MM AAAA   HH MM   ELONG   MAG   MAGL    T    PIANETA

25  1 2034    8 13    64     0.8  -10.3  3375   MA
25  1 2034   22 45    72     7.9  -10.5  3041   NE
17  2 2034   22 43    14     1.0   -7.1  2813   ME
22  2 2034    6 26    45     7.9   -9.6  3179   NE
21  3 2034   17  8    18     7.9   -7.7  3174   NE
21  3 2034   17 55    18    -3.9   -7.8  2901   VE
18  4 2034    5 40     8     7.9   -6.0  3171   NE
18  4 2034   13  4     4    -1.6   -4.6  2521   ME
14  5 2034   15 34    49    -2.1   -9.8  2511   GI
15  5 2034   17 50    34     7.9   -9.0  3190   NE
11  6 2034    7 33    71    -2.2  -10.5  3277   GI
12  6 2034    3 49    59     7.9  -10.1  3148   NE
16  6 2034    5 49     6     3.9   -5.1   898   ME
 8  7 2034   19  1    94    -2.4  -11.0  3383   GI
 9  7 2034   11  2    85     7.9  -10.8  2939   NE
 5  8 2034    2  8   119    -2.6  -11.6  3299   GI
 5  8 2034   16 27   111     7.8  -11.4  2644   NE
 1  9 2034    6 24   146    -2.8  -12.3  3298   GI
 1  9 2034   22  5   138     7.8  -12.1  2531   NE
28  9 2034   10  8   176    -2.8  -12.8  3214   GI
29  9 2034    5 33   165     7.8  -12.7  2636   NE
10 10 2034   17 59    18     1.7   -7.4  3338   MA
25 10 2034   15 18   154    -2.8  -12.5  3049   GI
26 10 2034   14 59   167     7.8  -12.7  2737   NE
21 11 2034   22 34   124    -2.6  -11.8  3199   GI
23 11 2034    0 55   139     7.8  -12.2  2659   NE
 6 12 2034   19 15    44    -4.7   -9.4  1108   VE
19 12 2034    7 44    97    -2.4  -11.1  3430   GI
20 12 2034    9 26   111     7.8  -11.5  2173   NE
15  1 2035   18 52    72    -2.2  -10.5  2883   GI
16  1 2035   15 59    83     7.9  -10.8   552   NE
 5  6 2035    2 18    16     1.4   -7.4  1614   ME
 2  9 2035   14  5     7    -3.9   -5.4  3432   VE
11 11 2035    4 29   123    -1.4  -11.7  3532   MA
27  6 2036    1 25    41     0.5   -9.4  1568   SA
20  7 2036    6 30    44    -4.5   -9.5  3258   VE
24  7 2036   16 21    18     0.5   -7.6  2560   SA
24  7 2036   20 11    20     1.7   -7.9  2847   MA
24  7 2036   22 16    21    -0.1   -8.0  3333   ME
18  8 2036   12  3    45    -4.2   -9.6  3298   VE
21  8 2036    8 42     5     0.6   -5.0  2968   SA
22  8 2036   11 29    11     1.7   -6.6  1879   MA
17  9 2036    1 20    42    -4.0   -9.5  3464   VE
18  9 2036    0 25    29     0.5   -8.7  3198   SA
15 10 2036   13 35    53     0.5   -9.9  3275   SA
11 11 2036   23 10    78     0.4  -10.7  3114   SA
 9 12 2036    5 59   105     0.3  -11.4  2819   SA
 5  1 2037   12 16   133     0.2  -12.1  2769   SA
 1  2 2037   19 37   162     0.1  -12.7  2966   SA
14  2 2037    9 48     9    -3.9   -5.9  3921   VE
 1  3 2037    3 43   168     0.1  -12.8  3117   SA
28  3 2037   11 17   139     0.2  -12.2  3192   SA
10  4 2037    2  6    61     0.8  -10.0  3836   MA
```

GG	MM	AAAA	HH	MM	ELONG	MAG	MAGL	T	PIANETA
24	4	2037	17	49	111	0.3	-11.5	3164	SA
22	5	2037	0	24	85	0.4	-10.8	2807	SA
18	6	2037	8	49	61	0.5	-10.2	1947	SA
13	7	2037	0	49	1	5.6	-1.8	478	UR
14	7	2037	22	13	25	0.2	-8.3	2358	ME
15	7	2037	7	36	30	-3.8	-8.7	3199	VE
9	8	2037	6	17	30	-1.8	-8.7	1742	GI
9	8	2037	13	40	26	5.6	-8.4	1602	UR
6	9	2037	1	30	51	-1.9	-9.8	3052	GI
6	9	2037	2	6	51	5.6	-9.8	2308	UR
3	10	2037	12	14	77	5.6	-10.6	2906	UR
3	10	2037	17	26	74	-2.0	-10.5	3425	GI
30	10	2037	19	10	103	5.5	-11.2	3256	UR
31	10	2037	4	22	99	-2.2	-11.1	3256	GI
26	11	2037	23	55	131	5.5	-11.9	3338	UR
27	11	2037	10	6	126	-2.4	-11.8	3042	GI
24	12	2037	4	55	160	5.4	-12.6	3287	UR
24	12	2037	12	46	156	-2.5	-12.5	3206	GI
20	1	2038	11	51	171	5.4	-12.7	3198	UR
20	1	2038	15	34	173	-2.6	-12.7	3345	GI
3	2	2038	16	45	7	-0.9	-5.4	3850	ME
16	2	2038	20	24	143	5.4	-12.2	3185	UR
16	2	2038	20	38	143	-2.5	-12.2	3292	GI
16	3	2038	4	22	114	-2.3	-11.5	3395	GI
16	3	2038	5	8	114	5.5	-11.5	3328	UR
12	4	2038	12	58	87	5.5	-10.8	3438	UR
12	4	2038	14	20	88	-2.1	-10.8	3499	GI
9	5	2038	15	50	59	1.4	-10.0	2109	MA
9	5	2038	20	12	62	5.6	-10.1	3310	UR
10	5	2038	2	19	65	-1.9	-10.2	3003	GI
6	6	2038	3	56	36	5.6	-9.0	3011	UR
6	6	2038	16	25	43	-1.8	-9.3	981	GI
7	6	2038	4	15	49	1.5	-9.6	2668	MA
3	7	2038	13	13	12	5.6	-6.6	2702	UR
30	7	2038	7	34	21	-3.8	-7.9	3321	VE
31	7	2038	0	15	13	5.6	-6.8	2346	UR
27	8	2038	12	21	38	5.6	-9.1	1587	UR
24	12	2038	19	36	17	-0.5	-7.6	2776	ME
27	12	2038	7	33	17	-3.9	-7.6	3100	VE
22	1	2039	16	49	25	1.2	-8.4	3428	MA
24	1	2039	13	1	3	-1.1	-3.7	2900	ME
27	5	2039	5	33	45	-4.3	-9.4	3831	VE
13	8	2039	11	19	72	0.5	-10.3	3721	MA
11	9	2039	6	39	82	0.3	-10.6	1684	MA
15	11	2039	4	6	15	0.2	-7.3	1633	ME
4	12	2039	7	25	141	-1.2	-12.0	2995	MA
12	12	2039	19	40	40	-4.0	-9.4	3080	VE
14	12	2039	20	48	12	-0.7	-6.8	3521	ME
30	12	2039	21	29	175	-1.6	-12.6	920	MA
22	2	2040	17	5	120	-0.3	-11.5	675	MA
15	3	2040	22	57	36	7.9	-9.0	985	NE
21	3	2040	15	49	100	0.4	-11.0	3578	MA
12	4	2040	9	40	10	7.9	-6.3	1879	NE

GG	MM	AAAA	HH	MM	ELONG	MAG	MAGL	T	PIANETA
9	5	2040	18	59	16	7.9	-7.2	2144	NE
10	5	2040	16	15	6	-3.9	-5.0	2914	VE
6	6	2040	2	41	41	7.9	-9.2	2405	NE
3	7	2040	9	31	67	7.9	-10.2	2827	NE
30	7	2040	16	35	92	7.9	-10.9	3213	NE
27	8	2040	0	35	119	7.8	-11.5	3369	NE
23	9	2040	9	18	146	7.8	-12.2	3358	NE
6	10	2040	8	1	4	0.7	-4.0	1301	SA
9	10	2040	0	45	34	-3.8	-9.0	935	VE
20	10	2040	17	39	173	7.8	-12.7	3346	NE
2	11	2040	22	42	23	0.7	-8.1	2364	SA
3	11	2040	7	48	18	-0.3	-7.6	2946	ME
5	11	2040	17	13	12	1.4	-6.7	3448	MA
7	11	2040	21	22	40	-3.9	-9.4	3065	VE
17	11	2040	0	28	159	7.8	-12.5	3367	NE
30	11	2040	13	48	48	0.7	-9.6	3014	SA
3	12	2040	20	54	6	-0.8	-5.3	2612	ME
14	12	2040	5	38	130	7.8	-11.9	3399	NE
28	12	2040	3	11	74	0.6	-10.5	3448	SA
28	12	2040	12	36	69	-1.8	-10.4	2021	GI
10	1	2041	10	39	102	7.9	-11.2	3418	NE
24	1	2041	12	49	101	0.5	-11.1	3459	SA
25	1	2041	1	43	94	-2.0	-11.0	3323	GI
6	2	2041	17	48	75	7.9	-10.6	3291	NE
20	2	2041	18	17	128	0.4	-11.8	3053	SA
21	2	2041	8	59	121	-2.2	-11.6	3556	GI
6	3	2041	3	58	48	7.9	-9.7	2992	NE
19	3	2041	21	16	157	0.3	-12.4	2805	SA
20	3	2041	11	26	150	-2.3	-12.3	3512	GI
2	4	2041	15	52	21	7.9	-8.0	2696	NE
16	4	2041	0	13	174	0.3	-12.6	3037	SA
16	4	2041	12	5	178	-2.4	-12.6	3478	GI
30	4	2041	3	23	5	7.9	-4.7	2494	NE
1	5	2041	21	18	18	-0.6	-7.5	2911	ME
13	5	2041	4	48	146	0.4	-12.2	3324	SA
13	5	2041	14	11	150	-2.3	-12.3	3234	GI
26	5	2041	7	16	46	-4.3	-9.6	3380	VE
27	5	2041	1	50	36	1.0	-9.0	3230	MA
27	5	2041	13	0	30	7.9	-8.7	2227	NE
9	6	2041	11	35	119	0.5	-11.5	3451	SA
9	6	2041	19	46	123	-2.2	-11.6	2975	GI
23	6	2041	20	26	55	7.9	-9.9	1464	NE
6	7	2041	20	11	93	0.6	-10.8	3429	SA
7	7	2041	5	3	97	-2.0	-10.9	3187	GI
3	8	2041	6	1	68	0.7	-10.2	3129	SA
3	8	2041	17	17	73	-1.8	-10.4	3590	GI
30	8	2041	16	43	44	0.7	-9.3	2308	SA
31	8	2041	7	35	51	-1.7	-9.6	3552	GI
27	9	2041	23	30	29	-1.6	-8.5	2662	GI
23	10	2041	11	20	18	-0.6	-7.5	3956	ME
23	10	2041	12	46	17	-3.9	-7.4	3521	VE
9	1	2042	14	50	143	-0.9	-12.1	2916	MA
5	2	2042	5	49	175	-1.3	-12.6	3388	MA

```
GG MM AAAA    HH MM   ELONG   MAG    MAGL     T    PIANETA

 3  3 2042    18 52    146   -0.9   -12.2   1995    MA
21  3 2042     4  6      8   -1.1    -6.1   2385    ME
23  3 2042     2  9     19   -3.9    -7.9   3394    VE
21  4 2042    12 23    20    -0.2    -7.9   3368    ME
20  8 2042     4 15    49     1.3    -9.5   3777    MA
12 10 2042    17  8    15    -0.9    -7.0   3101    ME
11  3 2043     2 20     4     1.1    -4.6   2090    MA
11  3 2043     6 33     2    -1.4    -3.2   3718    ME
 7  4 2043    12  2    32    -3.8    -8.9   2718    VE
 9  4 2043     1 48    10     1.1    -6.4   2546    MA
11  4 2043     2  9    18     0.3    -7.7   3205    ME
 4  9 2043     4 22     8    -3.9    -5.6   3530    VE
24 11 2043     7  0    81     0.9   -10.7   3251    MA
 3  1 2044    16 22    37    -3.9    -9.0   2314    VE
 2  2 2044    17 34    42    -4.0    -9.4   1671    VE
29  2 2044     5 47     5    -1.5    -4.7   2355    ME
30  3 2044     7 41    12     1.2    -6.8   2871    ME
 1  4 2044    19  8    45    -4.5    -9.6   2745    VE
30  4 2044     6 45    34    -4.5    -9.0   3321    VE
25  7 2044    23 40    18     5.6    -7.6   1609    UR
22  8 2044    12 46     7     5.6    -5.7   2146    UR
19  9 2044     0 23    32     5.5    -8.9   2520    UR
16 10 2044     9 21    58     5.5   -10.1   2926    UR
12 11 2044    16  4    84     5.5   -10.8   3237    UR
 9 12 2044    22 27   112     5.4   -11.5   3280    UR
 6  1 2045     6 25   140     5.4   -12.3   3173    UR
19  1 2045    13 35    15    -1.9    -7.1   2339    GI
20  1 2045     7 43    23     1.0    -8.0   3665    MA
 2  2 2045    15 55   169     5.3   -12.8   3136    UR
16  2 2045     7 15     8    -3.9    -5.6   3969    VE
16  2 2045     9  3     7    -1.9    -5.4   3586    GI
 2  3 2045     1 11   162     5.3   -12.7   3175    UR
16  3 2045     4 52    28    -1.9    -8.4   3486    GI
18  3 2045    21 53     3     3.6    -3.9   2061    ME
29  3 2045     8 34   134     5.4   -12.1   3235    UR
13  4 2045     0 15    50    -2.0    -9.6   1398    GI
25  4 2045    14 10   107     5.4   -11.4   3262    UR
22  5 2045    19 53    81     5.5   -10.7   3120    UR
16  6 2045    16 57    22    -0.1    -8.1   1582    ME
19  6 2045     3 45    55     5.5   -10.0   2751    UR
16  7 2045    14 35    31     5.5    -8.8   2282    UR
13  8 2045     3 38     6     5.6    -5.3   1798    UR
 8  9 2045    12 16    36     1.5    -9.1   3339    MA
 9  9 2045    17  7    19     5.6    -7.8    965    UR
12 11 2045    13 31    45    -4.6    -9.5   3193    VE
11 12 2045     0 40    30    -4.5    -8.6   2506    VE
 6  3 2046    23 57     9     2.0    -5.8   1172    ME
 2  4 2046     7 19    46    -4.2    -9.4   2618    VE
 6  6 2046    12 42    24     0.2    -8.1   3452    ME
 2 11 2046    21 35    59     0.7   -10.1   3586    MA
27 12 2046    11  4     2    -0.9    -2.6   3749    ME
23  2 2047     6 15    17     0.7    -7.4   2483    ME
29  4 2047     2 40    43    -4.1    -9.3   3812    VE
```

GG	MM	AAAA	HH	MM	ELONG	MAG	MAGL	T	PIANETA
26	5	2047	19	39	22	0.5	-7.9	3743	ME
23	6	2047	11	40	1	1.5	-1.8	3375	MA
21	7	2047	12	58	17	-0.6	-7.4	2499	ME
20	11	2047	0	57	35	0.9	-9.1	1469	SA
17	12	2047	17	5	10	0.9	-6.5	2592	SA
14	1	2048	9	6	15	0.9	-7.3	3059	SA
10	2	2048	22	37	40	0.9	-9.4	3307	SA
12	2	2048	5	19	23	0.2	-8.2	3353	ME
9	3	2048	8	46	65	0.8	-10.3	3249	SA
5	4	2048	16	29	91	0.7	-11.0	2776	SA
1	5	2048	5	37	141	-1.4	-12.2	3164	MA
2	5	2048	23	33	117	0.6	-11.6	2184	SA
14	5	2048	9	54	17	1.0	-7.3	3622	ME
28	5	2048	8	22	172	-2.2	-12.8	2308	MA
30	5	2048	7	3	145	0.5	-12.3	2065	SA
11	6	2048	21	16	4	-3.9	-4.0	3976	VE
26	6	2048	14	50	172	0.5	-12.7	2369	SA
9	7	2048	23	46	13	-1.1	-6.7	3266	ME
23	7	2048	22	4	159	0.5	-12.6	2621	SA
5	8	2048	5	53	50	-2.0	-9.6	2505	GI
20	8	2048	4	9	132	0.6	-12.0	2593	SA
1	9	2048	22	31	72	-2.1	-10.3	3622	GI
10	9	2048	6	17	25	0.4	-8.3	1059	ME
16	9	2048	9	38	105	0.7	-11.3	1996	SA
29	9	2048	12	5	97	-2.3	-10.9	3591	GI
26	10	2048	20	51	123	-2.5	-11.6	3235	GI
23	11	2048	0	6	152	-2.6	-12.3	3283	GI
19	12	2048	23	34	177	-2.7	-12.6	3550	GI
15	1	2049	23	14	146	-2.6	-12.1	3641	GI
31	1	2049	18	21	25	0.1	-8.5	1418	ME
12	2	2049	3	4	117	-2.4	-11.4	3636	GI
11	3	2049	12	45	91	-2.2	-10.8	3165	GI
5	4	2049	11	35	36	1.3	-9.0	1694	MA
2	5	2049	15	37	8	2.7	-5.7	3279	ME
4	5	2049	9	56	28	1.5	-8.4	1722	MA
26	7	2049	8	50	38	-3.9	-9.0	3974	VE
30	8	2049	5	59	20	0.7	-7.7	3280	ME
18	1	2050	18	50	60	1.2	-10.1	3133	MA
21	4	2050	2	7	5	3.7	-4.9	1602	ME
20	5	2050	13	51	4	7.9	-4.1	832	NE
16	6	2050	23	2	29	7.9	-8.5	1533	NE
14	7	2050	6	18	54	7.9	-9.8	2262	NE
10	8	2050	12	39	80	7.9	-10.6	2861	NE
18	8	2050	13	23	13	1.6	-6.6	3402	ME
21	8	2050	14	52	45	-4.5	-9.4	3902	VE
6	9	2050	19	35	106	7.9	-11.3	3153	NE
4	10	2050	4	0	133	7.8	-12.0	3198	NE
31	10	2050	13	28	161	7.8	-12.6	3146	NE
11	11	2050	14	59	33	-4.6	-8.8	2590	VE
27	11	2050	22	25	171	7.8	-12.7	3091	NE
13	12	2050	18	54	6	2.2	-5.3	2406	ME
25	12	2050	5	23	142	7.8	-12.2	3144	NE
9	1	2051	2	13	46	-4.3	-9.6	1040	VE

GG	MM	AAAA	HH	MM	ELONG	MAG	MAGL	T	PIANETA
21	1	2051	10	31	114	7.8	-11.5	3304	NE
16	2	2051	5	22	68	0.9	-10.4	2800	MA
17	2	2051	15	59	87	7.9	-10.9	3330	NE
13	3	2051	23	40	18	-0.3	-7.8	3356	ME
17	3	2051	0	6	60	7.9	-10.2	3146	NE
13	4	2051	11	7	33	7.9	-9.0	2946	NE
10	5	2051	23	25	8	7.9	-5.8	2830	NE
7	6	2051	10	56	18	7.9	-7.6	2708	NE
4	7	2051	20	15	43	7.9	-9.5	2386	NE
1	8	2051	3	15	69	7.9	-10.4	1578	NE
6	8	2051	16	58	5	3.5	-4.6	3243	ME
5	10	2051	23	40	12	-0.6	-6.6	4017	ME
6	10	2051	9	52	17	-3.9	-7.3	4015	VE
1	11	2051	23	40	18	1.6	-7.4	2290	MA
30	11	2051	20	34	28	1.5	-8.4	1450	MA
2	12	2051	4	43	14	0.4	-6.9	3086	ME
24	6	2052	5	19	36	-4.5	-9.1	3293	VE
22	7	2052	18	15	45	-4.4	-9.6	2866	VE
25	7	2052	7	24	11	1.8	-6.6	3072	ME
16	8	2052	3	3	110	-1.1	-11.4	2533	MA
27	8	2052	4	22	33	-1.6	-8.8	2203	GI
12	9	2052	22	56	128	-1.7	-11.9	3318	MA
22	9	2052	23	53	0	5.5	0.6	1238	UR
23	9	2052	23	32	12	-1.6	-6.6	3419	GI
10	10	2052	4	22	156	-2.4	-12.6	2795	MA
20	10	2052	9	53	25	5.5	-8.2	2043	UR
21	10	2052	18	9	10	-1.6	-6.2	3576	GI
16	11	2052	18	18	51	5.5	-9.7	2729	UR
18	11	2052	11	30	32	-1.6	-8.7	2903	GI
18	11	2052	19	38	28	-3.9	-8.4	3658	VE
19	11	2052	17	54	18	-0.1	-7.5	2992	ME
14	12	2052	1	59	78	5.5	-10.6	3246	UR
10	1	2053	10	5	105	5.4	-11.3	3421	UR
6	2	2053	18	49	134	5.3	-12.0	3388	UR
6	3	2053	3	8	162	5.3	-12.6	3355	UR
20	3	2053	9	17	1	-3.9	-1.7	2554	VE
2	4	2053	9	46	170	5.3	-12.6	3344	UR
17	4	2053	13	25	16	-0.6	-7.4	3032	ME
29	4	2053	14	34	142	5.3	-12.1	3367	UR
26	5	2053	18	58	115	5.4	-11.4	3425	UR
23	6	2053	1	0	89	5.4	-10.8	3353	UR
14	7	2053	11	0	19	0.7	-7.8	1780	ME
20	7	2053	9	54	64	5.5	-10.2	3043	UR
16	8	2053	21	22	38	-3.9	-9.2	2329	VE
16	8	2053	21	27	38	5.5	-9.2	2608	UR
13	9	2053	5	30	11	1.7	-6.5	3010	MA
13	9	2053	10	14	14	5.5	-7.0	2180	UR
10	10	2053	22	23	12	5.5	-6.7	1613	UR
8	11	2053	20	56	19	-0.4	-7.7	101	ME
7	1	2054	16	38	14	-3.2	-7.0	3143	VE
4	2	2054	1	46	40	-4.7	-9.2	790	VE
5	3	2054	6	33	47	-4.4	-9.5	3854	VE
9	3	2054	9	30	2	0.8	-2.5	2321	SA

```
GG MM AAAA    HH MM   ELONG    MAG    MAGL      T    PIANETA

 4  4 2054     5 11      45   -4.1    -9.4   3675    VE
 5  4 2054    23 14      26    0.7    -8.2   3054    SA
 7  4 2054     6 54      11   -1.0    -6.4   3307    ME
 3  5 2054     1 50      55    0.8    -9.8   3584    MA
 3  5 2054    13  4      50    0.7    -9.6   3460    SA
 4  5 2054     8 37      40   -3.9    -9.2   2536    VE
31  5 2054     1 40      74    0.6   -10.4   3590    SA
27  6 2054    11 41      99    0.5   -11.0   3539    SA
24  7 2054    18 15     125    0.4   -11.6   3522    SA
20  8 2054    21 46     153    0.3   -12.2   3575    SA
 1  9 2054     6 38      11   -3.9    -6.6   1082    VE
16  9 2054    23 51     178    0.3   -12.5   3531    SA
14 10 2054     2 44     150    0.3   -12.2   3473    SA
10 11 2054     8  3     122    0.4   -11.6   3577    SA
 7 12 2054    16 20      95    0.5   -10.9   3566    SA
 4  1 2055     3  1      68    0.6   -10.2   3068    SA
30  1 2055     3  6      26   -3.9    -8.3   4008    VE
31  1 2055    15  6      42    0.7    -9.3   2038    SA
28  6 2055     1 40      39   -4.5    -9.3   3448    VE
28  6 2055    19 16      49    1.5    -9.7   3373    MA
15  1 2056    11  2      18    0.3    -7.7   2100    ME
16  1 2056    12 57       5   -1.8    -4.8   1754    GI
13  2 2056     7 51      27   -1.8    -8.4   3172    GI
13  2 2056     9 27      26   -3.9    -8.4   3606    VE
13  2 2056    20  5      21    1.1    -7.9   2995    MA
13  2 2056    20  9      21   -0.2    -7.8   2571    ME
12  3 2056     0 17      49   -1.9    -9.6   3554    GI
 8  4 2056    14 25      72   -2.0   -10.4   3098    GI
 6  5 2056     2 33      95   -2.2   -11.0   1869    GI
 2  6 2056    12 27     121   -2.4   -11.6    604    GI
29  6 2056    19 30     149   -2.6   -12.3   1716    GI
13  7 2056    22 57      13   -3.9    -6.8   3765    VE
14  7 2056     5 40      17   -0.6    -7.3   3924    ME
26  7 2056    23 32     177   -2.7   -12.7   2765    GI
23  8 2056     1 43     153   -2.7   -12.4   3223    GI
19  9 2056     4 32     125   -2.5   -11.7   3296    GI
 2 10 2056    20 46      80    0.6   -10.6   3336    MA
16 10 2056    10 48      99   -2.3   -11.1   2933    GI
31 10 2056     6 40      95    0.2   -11.0   3563    MA
12 11 2056    22 22      74   -2.1   -10.6   1238    GI
23 11 2056     2 42     170    7.8   -12.5     47    NE
28 11 2056     6  3     114   -0.3   -11.4   3519    MA
10 12 2056     6 59      46   -4.2    -9.7   3424    VE
25 12 2056    13 35     141   -1.0   -12.1   2462    MA
 3  1 2057    19 38      22    0.0    -8.2   2833    ME
 2  2 2057    17 57      16   -0.4    -7.4   3638    ME
12  3 2057     5  4      77    7.9   -10.5   1739    NE
 8  4 2057    13 55      51    7.9    -9.6   2727    NE
13  4 2057     1  2      99    0.4   -11.0   3593    MA
 5  5 2057    22 33      25    7.9    -8.1   3136    NE
 2  6 2057     6 46       2    7.9    -2.7   3290    NE
28  6 2057     1 55      43   -4.0    -9.2   2748    VE
29  6 2057    14 47      26    7.9    -8.2   3383    NE
```

GG	MM	AAAA	HH	MM	ELONG	MAG	MAGL	T	PIANETA
3	7	2057	21	25	21	-0.2	-7.8	1762	ME
26	7	2057	22	53	51	7.9	-9.6	3507	NE
28	7	2057	5	54	37	-3.9	-8.9	1427	VE
23	8	2057	7	12	77	7.9	-10.4	3596	NE
19	9	2057	15	27	103	7.9	-11.1	3495	NE
16	10	2057	23	3	130	7.8	-11.8	3234	NE
13	11	2057	5	30	158	7.8	-12.4	3099	NE
27	11	2057	15	22	15	1.2	-7.3	1818	MA
10	12	2057	10	44	174	7.8	-12.6	3198	NE
24	12	2057	12	17	22	-0.2	-8.1	2746	ME
26	12	2057	0	48	1	-3.9	-1.5	3167	VE
26	12	2057	12	55	7	1.2	-5.7	2796	MA
6	1	2058	15	24	145	7.8	-12.1	3308	NE
23	1	2058	19	41	10	-0.7	-6.5	2172	ME
2	2	2058	20	46	117	7.8	-11.5	3235	NE
2	3	2058	3	58	89	7.9	-10.8	2828	NE
26	3	2058	16	13	29	0.5	-8.6	212	SA
29	3	2058	13	7	62	7.9	-10.1	1953	NE
23	4	2058	7	25	6	0.6	-5.1	2114	SA
20	5	2058	21	15	18	0.6	-7.5	2793	SA
25	5	2058	13	59	35	-3.9	-8.9	3824	VE
17	6	2058	9	12	41	0.5	-9.2	3268	SA
14	7	2058	19	32	65	0.4	-10.2	3518	SA
17	7	2058	3	35	38	1.2	-9.0	3730	MA
11	8	2058	4	48	90	0.3	-10.8	3361	SA
7	9	2058	13	22	116	0.2	-11.5	2785	SA
4	10	2058	21	8	143	0.1	-12.2	2260	SA
1	11	2058	3	29	172	0.1	-12.7	2421	SA
16	11	2058	13	32	5	2.5	-5.0	2067	ME
28	11	2058	8	1	158	0.1	-12.5	2917	SA
12	12	2058	1	6	46	-4.6	-9.6	3692	VE
25	12	2058	11	34	129	0.2	-11.9	3208	SA
21	1	2059	16	30	101	0.3	-11.2	3206	SA
31	1	2059	20	32	145	-0.9	-12.1	2380	MA
18	2	2059	1	15	74	0.4	-10.6	2868	SA
27	2	2059	9	37	175	-1.3	-12.5	2925	MA
17	3	2059	14	15	49	0.5	-9.7	2059	SA
13	4	2059	4	17	11	-2.0	-6.5	1900	GI
10	5	2059	2	3	23	-3.8	-8.1	2031	VE
11	5	2059	1	8	10	-1.9	-6.3	3103	GI
11	5	2059	16	15	2	-1.9	-2.6	3551	ME
7	6	2059	20	1	30	-2.0	-8.7	3422	GI
5	7	2059	12	15	51	-2.1	-9.7	2838	GI
10	9	2059	22	2	43	5.6	-9.3	1330	UR
8	10	2059	6	51	18	5.6	-7.4	2398	UR
8	10	2059	6	58	18	-3.9	-7.4	2803	VE
10	10	2059	11	46	42	1.1	-9.3	3602	MA
4	11	2059	16	36	8	5.6	-5.7	2809	UR
4	11	2059	23	56	4	2.8	-4.4	2632	ME
2	12	2059	3	23	34	5.6	-8.8	3119	UR
29	12	2059	14	28	60	5.5	-10.0	3433	UR
26	1	2060	0	25	88	5.5	-10.8	3580	UR
22	2	2060	8	8	115	5.4	-11.4	3464	UR

GG	MM	AAAA	HH	MM	ELONG	MAG	MAGL	T	PIANETA
20	3	2060	13	30	143	5.4	-12.1	3327	UR
16	4	2060	17	30	171	5.4	-12.5	3375	UR
30	4	2060	1	12	5	1.2	-5.0	3327	MA
30	4	2060	19	4	5	-1.8	-5.0	3583	ME
13	5	2060	21	32	162	5.4	-12.4	3474	UR
29	5	2060	1	57	10	-2.2	-6.3	1348	VE
10	6	2060	2	44	135	5.4	-11.8	3508	UR
7	7	2060	9	36	108	5.4	-11.2	3423	UR
3	8	2060	17	58	82	5.5	-10.6	3068	UR
31	8	2060	3	15	57	5.5	-9.8	2298	UR
27	9	2060	12	49	31	5.6	-8.6	944	UR
23	10	2060	6	39	12	0.6	-6.6	3235	ME
15	12	2060	9	19	83	0.9	-10.7	3675	MA
20	3	2061	8	27	19	-0.3	-7.7	2358	ME
21	3	2061	20	57	2	-3.9	-3.4	3528	VE
20	4	2061	22	49	12	-1.3	-6.8	2178	ME
1	5	2061	5	38	143	-1.1	-12.1	3368	MA
28	5	2061	12	2	117	-0.5	-11.4	3011	MA
25	6	2061	10	40	98	0.0	-11.0	3308	MA
23	7	2061	20	14	84	0.4	-10.6	3533	MA
18	8	2061	13	25	39	-3.9	-9.2	3758	VE
17	9	2061	16	0	44	-4.1	-9.4	2667	VE
11	10	2061	23	58	17	-0.1	-7.4	3484	ME
17	10	2061	15	26	47	-4.4	-9.5	2422	VE
16	11	2061	0	57	43	-4.7	-9.3	1414	VE
11	2	2062	22	25	28	1.1	-8.5	3617	MA
10	3	2062	2	4	13	-0.7	-6.9	3984	ME
6	8	2062	19	52	25	0.2	-8.3	703	ME
2	9	2062	14	58	10	-3.9	-6.5	2843	VE
29	9	2062	23	59	37	-1.7	-9.2	998	GI
30	9	2062	2	13	36	1.6	-9.1	3010	MA
1	10	2062	10	6	18	-0.5	-7.6	634	ME
27	10	2062	14	55	59	-1.8	-10.1	2943	GI
28	10	2062	14	51	46	1.5	-9.6	1130	MA
24	11	2062	2	16	83	-2.0	-10.8	3399	GI
21	12	2062	10	54	110	-2.1	-11.5	3056	GI
17	1	2063	18	11	138	-2.3	-12.2	2615	GI
1	2	2063	0	30	27	-3.9	-8.3	1028	VE
14	2	2063	0	43	169	-2.4	-12.8	2750	GI
27	2	2063	15	32	7	-1.0	-5.5	1396	ME
13	3	2063	6	19	160	-2.4	-12.7	3085	GI
9	4	2063	11	17	131	-2.3	-12.0	3256	GI
6	5	2063	17	5	104	-2.1	-11.3	3271	GI
31	5	2063	11	34	45	-4.4	-9.6	2971	VE
3	6	2063	1	36	80	-1.9	-10.7	2936	GI
30	6	2063	14	3	57	-1.7	-10.0	1680	GI
27	7	2063	15	50	27	0.4	-8.5	2640	ME
18	10	2063	10	16	46	-4.3	-9.7	3386	VE
25	11	2063	16	16	65	0.6	-10.2	3714	MA
14	7	2064	12	18	3	1.6	-3.4	2519	MA
15	7	2064	1	2	9	0.5	-6.0	2312	SA
15	7	2064	10	59	14	-3.9	-7.1	3030	VE
16	7	2064	8	39	26	0.5	-8.4	2640	ME

```
GG MM AAAA    HH MM   ELONG   MAG   MAGL    T    PIANETA

11  8 2064    16 28    14     0.5   -7.1   2985    SA
12  8 2064     5  0     7     1.7   -5.6   2427    MA
 8  9 2064     8 21    38     0.5   -9.2   3298    SA
 5 10 2064    22 37    62     0.4  -10.2   3280    SA
 2 11 2064     9 18    87     0.3  -10.9   2702    SA
11 11 2064    22  1    42    -4.0   -9.5   3088    VE
29 11 2064    15 46   115     0.2  -11.5   1372    SA
22  1 2065    23 47   173     0.0  -12.7   1105    SA
 8  2 2065    14 54    37    -4.7   -9.0   3573    VE
19  2 2065     5 40   157     0.1  -12.5   1927    SA
 8  3 2065     4 13    13     0.9   -6.8   2379    ME
18  3 2065    13 11   129     0.1  -11.9   1963    SA
14  4 2065    21 30   101     0.3  -11.1    222    SA
25  4 2065    19 46   110    -0.5  -11.4   3300    MA
 5  6 2065    14 58    17    -0.6   -7.3   4109    ME
29  8 2065     8 33    29    -3.8   -8.6    882    VE
30 10 2065    22 41    21     0.2   -8.0   1427    ME
26 12 2065    17 55     9    -0.7   -6.2   1657    ME
27 12 2065     9 40     1    -3.9   -1.9   3180    VE
24  2 2066    15 16     5     2.9   -5.0   2954    ME
27  4 2066    23 51    39     1.5   -9.0   1188    MA
25  5 2066    23 50    20    -0.2   -7.6   2016    ME
26  5 2066    20 28    29     1.6   -8.4   2853    MA
10 10 2066     5 14   103     7.9  -11.1   1649    NE
20 10 2066     3 36    15     0.8   -7.2   1143    ME
 6 11 2066    12 36   130     7.8  -11.8   2428    NE
 3 12 2066    18 39   158     7.8  -12.4   2486    NE
16 12 2066    19 51     3    -0.8   -3.6   3367    ME
16 12 2066    20  1     3    -1.7   -3.6   1999    GI
30 12 2066    23 37   173     7.8  -12.6   2218    NE
13  1 2067    17 21    25    -1.7   -8.4   3103    GI
27  1 2067     4 19   145     7.8  -12.1   2147    NE
 9  2 2067    18  6    58     1.1  -10.1   3182    MA
10  2 2067    12 37    47    -1.8   -9.8   3256    GI
10  2 2067    23  2    41    -4.0   -9.5   3272    VE
13  2 2067     8 46     9     1.9   -6.1   2942    ME
23  2 2067     9 59   117     7.8  -11.4   2656    NE
10  3 2067     3 50    71    -1.9  -10.5   2414    GI
22  3 2067    17 24    89     7.9  -10.8   3237    NE
 4  4 2067     7 47   124     5.5  -11.8    577    UR
19  4 2067     2 25    63     7.9  -10.1   3505    NE
 1  5 2067    13  9   152     5.5  -12.4   1328    UR
16  5 2067    12  3    37     7.9   -9.0   3544    NE
28  5 2067    20 10   179     5.5  -12.7    914    UR
12  6 2067    21 18    12     8.0   -6.5   3526    NE
10  7 2067     5 40    14     8.0   -6.8   3502    NE
24  7 2067    12 15   153    -2.5  -12.5    141    GI
 6  8 2067    13 17    39     7.9   -9.1   3405    NE
18  8 2067    21  8   100     5.6  -11.1   1460    UR
 2  9 2067    20 45    64     7.9  -10.1   3083    NE
15  9 2067     4  6    74     5.6  -10.5   2539    UR
30  9 2067     4 35    91     7.9  -10.8   2411    NE
12 10 2067    11 14    48     5.7   -9.7   3088    UR
```

GG	MM	AAAA	HH	MM	ELONG	MAG	MAGL	T	PIANETA
27	10	2067	12	52	118	7.8	-11.5	1579	NE
8	11	2067	20	9	23	5.7	-8.1	3268	UR
9	11	2067	2	39	26	-3.8	-8.4	2051	VE
23	11	2067	20	58	146	7.8	-12.2	1349	NE
6	12	2067	7	37	3	5.7	-4.1	3303	UR
21	12	2067	3	57	174	7.8	-12.6	1772	NE
2	1	2068	20	46	30	5.7	-8.7	3314	UR
17	1	2068	9	18	157	7.8	-12.4	1958	NE
30	1	2068	9	22	57	5.7	-10.0	3239	UR
2	2	2068	8	23	18	0.5	-7.7	2836	ME
9	2	2068	15	42	83	0.6	-10.8	2193	MA
13	2	2068	13	53	129	7.8	-11.8	1352	NE
26	2	2068	19	17	84	5.6	-10.8	2872	UR
7	3	2068	7	15	46	-4.3	-9.7	3392	VE
9	3	2068	5	28	71	1.0	-10.4	2386	MA
25	3	2068	1	53	111	5.6	-11.4	2174	UR
21	4	2068	6	31	138	5.5	-12.0	1683	UR
18	5	2068	11	14	165	5.5	-12.5	1910	UR
30	5	2068	1	31	14	-3.0	-7.1	3156	VE
14	6	2068	17	21	168	5.5	-12.6	2274	UR
28	6	2068	0	54	19	-0.3	-7.7	3763	ME
12	7	2068	0	55	141	5.5	-12.1	2329	UR
8	8	2068	9	13	114	5.5	-11.4	1798	UR
23	11	2068	9	9	17	1.5	-7.4	1106	MA
22	12	2068	7	35	27	1.4	-8.4	1860	MA
22	12	2068	23	54	19	-3.9	-7.7	1915	VE
22	4	2069	4	0	11	-3.9	-6.6	3156	VE
10	8	2069	0	2	88	-0.1	-10.9	2583	MA
19	8	2069	1	40	25	0.5	-8.2	3506	ME
7	9	2069	7	33	100	-0.5	-11.2	1948	MA
7	2	2070	11	29	43	-4.7	-9.4	3481	VE
6	6	2070	11	53	32	-3.8	-8.9	3476	VE
2	7	2070	15	2	75	-2.2	-10.5	2402	GI
30	7	2070	1	53	98	-2.4	-11.1	3126	GI
7	8	2070	20	7	20	0.9	-7.8	2911	ME
26	8	2070	8	12	124	-2.6	-11.7	3236	GI
22	9	2070	11	42	152	-2.8	-12.4	3016	GI
5	10	2070	6	25	11	1.6	-6.5	3536	MA
19	10	2070	15	3	178	-2.8	-12.8	2417	GI
15	11	2070	20	21	147	-2.8	-12.4	1838	GI
13	12	2070	4	8	118	-2.6	-11.6	2407	GI
26	12	2070	13	35	65	0.7	-10.2	2310	SA
9	1	2071	14	1	91	-2.4	-11.0	3313	GI
22	1	2071	23	11	91	0.6	-10.9	3027	SA
6	2	2071	1	57	67	-2.2	-10.3	3398	GI
19	2	2071	8	9	119	0.5	-11.6	3159	SA
3	3	2071	9	57	16	-0.8	-7.3	3825	ME
4	3	2071	21	57	35	-3.9	-9.0	2687	VE
5	3	2071	16	29	44	-2.0	-9.5	2195	GI
18	3	2071	15	48	147	0.4	-12.3	2960	SA
14	4	2071	21	20	176	0.3	-12.6	2493	SA
12	5	2071	0	52	155	0.4	-12.4	2107	SA
25	5	2071	19	8	49	0.9	-9.6	3431	MA

GG	MM	AAAA	HH	MM	ELONG	MAG	MAGL	T	PIANETA
8	6	2071	4	1	128	0.4	-11.7	2463	SA
5	7	2071	9	7	102	0.5	-11.1	3134	SA
27	7	2071	16	24	10	2.1	-6.4	1619	ME
1	8	2071	17	46	76	0.6	-10.5	3438	SA
29	8	2071	6	5	52	0.7	-9.8	3306	SA
20	9	2071	10	37	45	-4.5	-9.6	3216	VE
24	9	2071	7	31	8	-0.9	-5.8	3643	ME
25	9	2071	20	50	28	0.8	-8.5	2938	SA
23	10	2071	12	4	5	0.8	-4.8	2425	SA
18	11	2071	7	27	43	-4.0	-9.4	3567	VE
20	11	2071	1	59	21	0.8	-7.9	1434	SA
18	3	2072	4	6	18	0.8	-7.5	2321	ME
15	7	2072	11	56	5	3.2	-5.0	1974	ME
19	7	2072	7	29	49	1.4	-9.8	3311	MA
15	8	2072	16	49	23	-3.8	-8.2	2966	VE
12	1	2073	10	12	46	-4.6	-9.5	2611	VE
6	3	2073	14	52	24	0.4	-8.1	3451	ME
7	3	2073	9	35	16	1.1	-7.2	1838	MA
5	4	2073	13	36	22	1.0	-7.9	1250	MA
5	4	2073	15	19	21	-0.1	-7.8	4057	ME
4	7	2073	3	35	15	1.3	-7.1	3160	ME
29	9	2073	23	1	21	-3.9	-8.0	2455	VE
24	10	2073	21	20	80	-2.0	-10.7	1952	GI
21	11	2073	7	4	106	-2.2	-11.3	2910	GI
22	11	2073	5	16	95	0.4	-11.1	838	MA
18	12	2073	11	34	134	-2.4	-12.0	3001	GI
20	12	2073	1	30	115	-0.2	-11.5	1397	MA
14	1	2074	13	27	164	-2.5	-12.6	2430	GI
28	1	2074	0	1	9	-3.9	-6.1	2447	VE
23	2	2074	16	36	27	0.2	-8.4	3516	ME
26	3	2074	3	1	17	-0.5	-7.3	2730	ME
2	5	2074	5	43	65	7.9	-10.2	1981	NE
3	5	2074	16	21	82	-2.0	-10.6	2514	GI
5	5	2074	2	18	99	0.4	-11.1	3182	MA
29	5	2074	12	46	40	7.9	-9.1	2744	NE
31	5	2074	5	8	59	-1.8	-10.0	3475	GI
22	6	2074	16	37	21	0.6	-7.8	3738	ME
25	6	2074	20	20	14	8.0	-7.0	3029	NE
27	6	2074	19	52	37	-1.7	-9.0	3466	GI
28	6	2074	6	54	43	-4.0	-9.3	3681	VE
23	7	2074	5	6	11	8.0	-6.3	3143	NE
25	7	2074	12	35	17	-1.7	-7.3	2658	GI
19	8	2074	15	0	36	8.0	-9.0	3270	NE
16	9	2074	1	11	62	7.9	-10.1	3449	NE
13	10	2074	10	20	88	7.9	-10.8	3541	NE
9	11	2074	17	28	116	7.9	-11.4	3423	NE
6	12	2074	22	42	144	7.8	-12.1	3263	NE
3	1	2075	3	19	172	7.8	-12.6	3278	NE
13	1	2075	12	27	45	-4.2	-9.7	2361	VE
17	1	2075	14	15	11	1.1	-6.7	3319	MA
30	1	2075	8	45	160	7.8	-12.4	3364	NE
12	2	2075	5	23	41	-4.0	-9.4	3336	VE
12	2	2075	6	24	40	5.8	-9.4	297	UR

GG	MM	AAAA	HH	MM	ELONG	MAG	MAGL	T	PIANETA
13	2	2075	8	33	26	0.1	-8.4	3125	ME
26	2	2075	15	31	131	7.8	-11.8	3368	NE
9	3	2075	18	32	91	0.7	-11.0	1189	SA
11	3	2075	14	55	67	5.7	-10.4	1904	UR
25	3	2075	23	21	104	7.9	-11.1	3170	NE
6	4	2075	0	29	118	0.6	-11.6	2389	SA
7	4	2075	21	11	93	5.7	-11.0	2664	UR
22	4	2075	7	35	77	7.9	-10.5	2593	NE
3	5	2075	6	31	145	0.5	-12.3	2662	SA
5	5	2075	3	22	120	5.6	-11.7	2967	UR
19	5	2075	15	43	51	7.9	-9.6	1551	NE
30	5	2075	13	35	173	0.5	-12.8	2511	SA
1	6	2075	10	58	147	5.6	-12.4	2991	UR
11	6	2075	11	5	24	0.3	-8.0	3594	ME
26	6	2075	21	17	158	0.5	-12.6	2002	SA
28	6	2075	19	53	174	5.6	-12.8	2897	UR
12	7	2075	20	6	5	-3.9	-4.4	3752	VE
13	7	2075	12	55	3	-1.8	-3.6	3312	ME
24	7	2075	4	47	131	0.6	-12.0	1205	SA
26	7	2075	4	52	159	5.6	-12.6	2790	UR
8	8	2075	14	44	36	1.4	-8.9	2079	MA
20	8	2075	11	41	104	0.7	-11.3	1049	SA
22	8	2075	12	39	132	5.6	-12.0	2832	UR
6	9	2075	11	29	45	1.4	-9.4	3415	MA
16	9	2075	18	42	79	0.8	-10.7	1975	SA
18	9	2075	18	51	105	5.7	-11.3	3073	UR
14	10	2075	3	25	54	0.8	-9.9	2744	SA
16	10	2075	0	40	78	5.7	-10.7	3267	UR
10	11	2075	15	15	29	0.9	-8.7	3108	SA
12	11	2075	8	18	52	5.8	-9.9	3230	UR
8	12	2075	6	17	4	0.9	-4.7	3215	SA
9	12	2075	19	15	26	5.8	-8.5	3069	UR
10	12	2075	9	6	34	-3.9	-9.1	3341	VE
4	1	2076	22	50	21	0.9	-8.0	3211	SA
6	1	2076	8	53	1	5.8	-1.9	2918	UR
1	2	2076	14	9	46	0.9	-9.7	3051	SA
2	2	2076	22	47	27	5.8	-8.6	2725	UR
3	2	2076	6	59	23	-0.1	-8.2	1633	ME
29	2	2076	1	58	72	0.8	-10.5	2431	SA
1	3	2076	10	23	54	5.8	-10.0	2234	UR
27	3	2076	9	45	98	0.7	-11.1	246	SA
28	3	2076	18	33	80	5.7	-10.7	716	UR
30	5	2076	18	35	23	0.1	-8.1	3519	ME
27	6	2076	16	59	41	-4.5	-9.2	1996	VE
2	7	2076	2	35	9	-1.4	-6.0	4124	ME
14	7	2076	9	27	152	0.5	-12.4	1666	SA
10	8	2076	17	18	124	0.6	-11.8	1909	SA
7	9	2076	1	2	98	0.7	-11.1	1161	SA
31	10	2076	16	2	46	1.0	-9.6	3169	MA
24	12	2076	16	0	18	-3.9	-7.6	3257	VE
14	3	2077	6	41	130	-2.2	-11.8	2289	GI
10	4	2077	8	7	159	-2.4	-12.4	2306	GI
7	5	2077	8	18	171	-2.4	-12.5	564	GI

GG	MM	AAAA	HH	MM	ELONG	MAG	MAGL	T	PIANETA
20	5	2077	14	21	20	-0.3	-7.9	3665	ME
22	5	2077	0	2	2	1.3	-2.4	2459	MA
23	5	2077	14	47	19	-3.9	-7.7	3364	VE
19	6	2077	19	37	9	1.4	-6.1	2950	MA
24	8	2077	16	34	67	-1.8	-10.2	1168	GI
21	9	2077	7	53	44	-1.7	-9.4	3149	GI
19	10	2077	0	40	23	-1.6	-8.0	3659	GI
15	11	2077	18	46	1	-1.6	-0.9	3362	GI
17	11	2077	13	12	21	0.0	-7.8	2960	ME
19	11	2077	1	49	39	-4.7	-9.2	2768	VE
13	12	2077	14	1	21	-1.6	-7.9	1971	GI
6	1	2078	19	11	84	0.9	-10.7	1746	MA
4	2	2078	4	22	100	0.4	-11.1	3540	MA
27	4	2078	4	3	179	-1.7	-12.5	3496	MA
10	5	2078	16	15	15	-0.7	-7.3	3317	ME
13	9	2078	8	20	78	0.3	-10.5	3488	MA
5	10	2078	23	15	2	-3.9	-3.1	852	VE
6	11	2078	5	55	17	0.4	-7.3	3278	ME
6	3	2079	2	30	33	1.2	-8.9	2100	MA
6	3	2079	7	28	35	-3.9	-9.1	2666	VE
3	4	2079	22	4	25	1.3	-8.4	2927	MA
5	4	2079	1	36	41	-4.0	-9.4	3101	VE
25	10	2079	13	37	9	1.5	-6.1	3129	ME
19	11	2079	8	31	47	1.5	-9.6	3548	MA
20	3	2080	4	31	16	-3.9	-7.2	1563	VE
30	6	2080	14	29	162	-2.4	-12.4	2956	MA
27	7	2080	14	5	134	-1.8	-11.8	3354	MA
16	8	2080	4	5	12	-0.9	-6.8	2127	ME
17	8	2080	1	42	24	-3.8	-8.3	3518	VE
15	9	2080	16	2	27	0.3	-8.4	2359	ME
13	10	2080	1	20	2	5.0	-2.5	3022	ME
17	12	2080	19	7	72	0.5	-10.4	2726	MA
15	1	2081	20	47	63	0.8	-10.1	3044	MA
8	3	2081	14	38	22	-0.1	-7.9	3524	ME
9	3	2081	13	54	12	-1.9	-6.5	3181	GI
6	4	2081	9	33	33	-2.0	-8.7	3699	GI
4	5	2081	4	28	54	-2.1	-9.8	2835	GI
4	5	2081	23	7	46	-4.4	-9.4	2450	VE
29	5	2081	14	13	101	0.6	-11.0	2449	SA
25	6	2081	21	31	128	0.5	-11.7	3156	SA
23	7	2081	2	3	155	0.4	-12.3	3284	SA
6	8	2081	6	52	17	-0.4	-7.6	3581	ME
19	8	2081	4	35	176	0.4	-12.5	3130	SA
2	9	2081	21	33	7	1.7	-5.6	3284	MA
5	9	2081	5	54	27	0.4	-8.5	2350	ME
15	9	2081	6	51	149	0.4	-12.2	2809	SA
1	10	2081	23	24	11	1.1	-6.6	2920	ME
12	10	2081	10	56	121	0.5	-11.5	2718	SA
8	11	2081	18	19	94	0.6	-10.9	3117	SA
6	12	2081	5	13	68	0.7	-10.3	3521	SA
2	1	2082	18	27	42	0.8	-9.3	3548	SA
29	1	2082	17	37	10	-3.9	-6.2	3919	VE
30	1	2082	8	23	17	0.8	-7.3	3212	SA

```
GG MM AAAA   HH MM  ELONG   MAG   MAGL    T   PIANETA

26  2 2082    0 56    18   -0.4   -7.4  3675   ME
26  2 2082   21 42     8    0.8   -5.7  2489   SA
18  5 2082    7 48   104    5.8  -11.1  2269   UR
18  5 2082   15  9   100   -0.4  -11.1  2310   MA
14  6 2082   16  3   130    5.7  -11.8  2824   UR
29  6 2082   16 35    43   -4.0   -9.4  1236   VE
11  7 2082   23 37   157    5.7  -12.4  2919   UR
27  7 2082    8 29    22   -0.1   -8.0  2657   ME
 8  8 2082    5 47   175    5.7  -12.6  2776   UR
27  8 2082    1 42    41   -4.6   -9.4  3378   VE
 4  9 2082   10 32   148    5.7  -12.2  2567   UR
 1 10 2082   14 55   121    5.7  -11.6  2634   UR
28 10 2082   20 45    94    5.8  -11.0  3026   UR
25 11 2082    5 32    67    5.8  -10.3  3326   UR
 9 12 2082   20 45   128    7.9  -11.8  1875   NE
22 12 2082   17 10    40    5.9   -9.3  3371   UR
 6  1 2083    1 40   157    7.8  -12.5  2151   NE
19  1 2083    5 54    14    5.9   -7.0  3309   UR
 2  2 2083    8 14   175    7.8  -12.7  1954   NE
15  2 2083   17 32    13    5.9   -6.8  3239   UR
 1  3 2083   16 34   146    7.8  -12.3  1772   NE
15  3 2083    2 53    39    5.9   -9.2  3067   UR
15  3 2083   11 38    34   -3.9   -8.9  2923   VE
29  3 2083    1 25   119    7.9  -11.6  2138   NE
11  4 2083   10 22    65    5.8  -10.2  2542   UR
25  4 2083    9 33    92    7.9  -10.9  2807   NE
 8  5 2083   17 26    91    5.8  -10.9  1228   UR
22  5 2083   16 42    66    7.9  -10.2  3280   NE
18  6 2083    2 36    30    1.6   -8.6  3650   MA
18  6 2083   23 33    40    8.0   -9.2  3455   NE
14  7 2083   16 48     4   -3.9   -4.1  1097   VE
16  7 2083    7 11    15    8.0   -7.1  3470   NE
12  8 2083   16 16    10    8.0   -6.3  3448   NE
 9  9 2083    2 36    36    8.0   -9.0  3413   NE
 6 10 2083   13  8    62    7.9  -10.1  3270   NE
 2 11 2083   22 19    89    7.9  -10.8  2822   NE
30 11 2083    5 11   116    7.9  -11.5  2041   NE
27 12 2083   10 11   144    7.8  -12.1  1530   NE
23  1 2084   14 56   173    7.8  -12.6  1807   NE
19  2 2084   20 47   159    7.8  -12.4  2083   NE
 2  3 2084   14  8    54    1.1  -10.0  3380   MA
18  3 2084    4  0   131    7.9  -11.8  1791   NE
 6  5 2084    3 59    16   -3.3   -7.2  1665   VE
23  9 2084    0 11    78   -2.1  -10.5  3230   GI
20 10 2084   12 40   103   -2.3  -11.1  3676   GI
31 10 2084    4 53    24    0.0   -8.2  3196   ME
16 11 2084   20 21   130   -2.5  -11.8  3600   GI
13 12 2084   22 52   160   -2.6  -12.4  3599   GI
 9  1 2085   22 15   169   -2.6  -12.5  3573   GI
 5  2 2085   22 30   139   -2.5  -12.0  3488   GI
 2  3 2085   22  5    86    0.7  -10.8  2899   MA
 5  3 2085    3 22   110   -2.3  -11.3  3619   GI
31  3 2085   12 11    73    1.1  -10.4  2942   MA
```

```
GG MM AAAA   HH MM   ELONG   MAG   MAGL    T    PIANETA

 1  4 2085   14  5    85    -2.1  -10.7  3558    GI
29  4 2085    5 30    61    -1.9  -10.0  2471    GI
24  5 2085    7  2     8    -1.6   -5.9  3785    ME
25  5 2085    7 50    20    -3.9   -7.7  3720    VE
23  9 2085    2 38    46    -4.2   -9.5  2726    VE
20 10 2085   18 32    24     0.1   -8.2  3391    ME
15 12 2085   16 22    16     1.4   -7.4  1135    MA
16 12 2085    1 42    11    -0.7   -6.6  2628    ME
17 12 2085    7 13     5    -0.9   -4.7  3104    VE
13  1 2086   14 52    25     1.3   -8.3  1770    MA
14  5 2086    2 36    14    -1.0   -7.0   742    ME
 9  7 2086    0 39    23    -3.8   -8.1  3611    VE
31  8 2086   23 44    82     0.3  -10.7  3540    MA
 5 12 2086   18  0     6    -0.8   -5.0  3282    ME
 1  6 2087   14 49     8     2.8   -5.9  2249    ME
27 10 2087   15 11    13     1.4   -6.7  3750    MA
21 12 2087   19 48    35    -3.9   -8.9  1573    VE
19  5 2088   23 38    11     0.5   -6.7  2106    SA
20  5 2088    9  5     6     3.4   -5.3  3049    ME
16  6 2088    0 37    43     1.0   -9.5  3381    MA
16  6 2088   15 31    34     0.5   -9.0  2815    SA
17  6 2088   12  3    23     0.1   -8.2  3332    ME
14  7 2088    5  7    58     0.4  -10.1  3206    SA
10  8 2088   15 12    82     0.3  -10.8  3334    SA
 6  9 2088   21 52   108     0.2  -11.4  3294    SA
17  9 2088   17 29    33    -3.8   -8.8  3811    VE
 4 10 2088    2 44   135     0.1  -12.1  3259    SA
15 10 2088    1 18     5    -1.6   -4.9  1788    GI
31 10 2088    8  5   164     0.1  -12.7  3235    SA
11 11 2088   19 50    17    -1.6   -7.3  3274    GI
27 11 2088   15  5   166     0.1  -12.7  3193    SA
 9 12 2088   12 39    39    -1.7   -9.2  3613    GI
24 12 2088   23 12   137     0.1  -12.2  3255    SA
 6  1 2089    3 35    62    -1.8  -10.1  3065    GI
21  1 2089    7 14   108     0.2  -11.4  3304    SA
 2  2 2089   16 40    87    -1.9  -10.8  1319    GI
17  2 2089   15  0    81     0.3  -10.7  2914    SA
16  3 2089   23 50    56     0.4  -10.0  1802    SA
 7  4 2089   15 43    39    -4.6   -9.1  3667    VE
25  4 2089   14 56   171    -2.4  -12.6  1863    GI
 9  5 2089    1 45    17     1.2   -7.5  2388    ME
22  5 2089   16 11   159    -2.4  -12.4  2615    GI
 5  6 2089   10 14    44    -4.1   -9.5  1858    VE
 7  6 2089    6 33    21    -0.2   -7.9  1914    ME
18  6 2089   17 47   131    -2.3  -11.8  2554    GI
15  7 2089   22 50   105    -2.1  -11.2  1105    GI
 8  8 2089    6 27    27     0.4   -8.5  3308    ME
 9  8 2089   23 34    50     1.3   -9.8  3158    MA
 4  9 2089    8 31     5     2.9   -5.0  2513    ME
 1 11 2089   15 52    11    -3.9   -6.6  3404    VE
 3  3 2090    2 18    18    -3.9   -7.5  1379    VE
30  3 2090    4 45    11     1.1   -6.3  1932    MA
27  4 2090   15 53    24     0.6   -8.1  2345    ME
```

39

GG	MM	AAAA	HH	MM	ELONG	MAG	MAGL	T	PIANETA
28	7	2090	18	6	24	0.7	-8.2	2169	ME
30	7	2090	8	11	46	-4.3	-9.6	2827	VE
24	8	2090	9	53	14	0.9	-7.1	3123	ME
23	9	2090	11	51	3	-1.4	-3.9	2217	ME
17	12	2090	11	10	47	-4.4	-9.7	684	VE
26	12	2090	18	54	67	5.9	-10.2	2216	UR
23	1	2091	5	18	40	5.9	-9.2	3018	UR
19	2	2091	9	30	11	-1.3	-6.4	1721	ME
19	2	2091	15	38	14	5.9	-6.9	3307	UR
19	3	2091	1	10	12	5.9	-6.6	3456	UR
15	4	2091	9	57	38	5.9	-9.0	3572	UR
16	4	2091	8	45	27	0.4	-8.3	3483	ME
16	4	2091	11	9	26	-3.8	-8.2	3956	VE
12	5	2091	18	26	63	5.9	-10.1	3567	UR
26	5	2091	18	56	99	0.3	-11.1	2970	MA
9	6	2091	2	53	89	5.8	-10.7	3325	UR
6	7	2091	11	6	115	5.8	-11.4	2969	UR
18	7	2091	22	37	30	8.0	-8.6	1796	NE
2	8	2091	18	29	142	5.7	-12.0	2830	UR
13	8	2091	14	14	19	0.1	-7.6	2511	ME
15	8	2091	8	26	4	8.0	-4.6	2188	NE
30	8	2091	0	29	169	5.7	-12.5	2978	UR
11	9	2091	20	2	21	8.0	-8.0	2416	NE
13	9	2091	15	4	4	-1.3	-4.2	3361	ME
26	9	2091	5	7	164	5.7	-12.5	3149	UR
9	10	2091	7	51	47	8.0	-9.7	2738	NE
23	10	2091	9	13	136	5.8	-11.9	3132	UR
5	11	2091	17	53	74	7.9	-10.5	3126	NE
19	11	2091	14	23	108	5.8	-11.3	2742	UR
3	12	2091	0	58	101	7.9	-11.2	3366	NE
16	12	2091	22	9	81	5.9	-10.7	1644	UR
30	12	2091	5	57	129	7.9	-11.9	3392	NE
12	1	2092	7	9	41	-4.0	-9.3	3163	VE
26	1	2092	11	13	158	7.8	-12.5	3350	NE
8	2	2092	21	15	15	-0.9	-7.3	3609	ME
8	2	2092	22	32	16	1.0	-7.3	3567	MA
22	2	2092	18	23	174	7.8	-12.7	3319	NE
21	3	2092	3	8	146	7.9	-12.3	3329	NE
2	4	2092	5	57	54	-2.0	-9.9	2591	GI
4	4	2092	12	26	27	0.3	-8.4	3817	ME
17	4	2092	12	3	119	7.9	-11.6	3382	NE
29	4	2092	19	25	77	-2.1	-10.5	3410	GI
14	5	2092	20	0	92	7.9	-10.9	3333	NE
27	5	2092	6	48	101	-2.3	-11.1	3471	GI
11	6	2092	2	52	66	7.9	-10.2	3059	NE
23	6	2092	16	0	126	-2.5	-11.8	3366	GI
8	7	2092	9	36	41	8.0	-9.2	2682	NE
20	7	2092	22	37	154	-2.7	-12.4	3347	GI
30	7	2092	9	11	46	-4.2	-9.4	2212	VE
1	8	2092	18	13	19	-0.2	-7.6	2081	ME
4	8	2092	17	22	15	8.0	-7.2	2405	NE
17	8	2092	2	39	176	-2.8	-12.7	3175	GI
29	8	2092	8	40	42	-4.0	-9.3	3656	VE

```
GG MM AAAA    HH MM   ELONG    MAG    MAGL     T    PIANETA

 1  9 2092     2 51     10      8.0   -6.3   2169    NE
13  9 2092     5 21    147     -2.7  -12.3   2872    GI
27  9 2092    19 35     45      1.5   -9.5   3229    MA
28  9 2092    11 32     37     -3.9   -9.1   2458    VE
28  9 2092    13 40     36      8.0   -9.0   1594    NE
10 10 2092     9  0    119     -2.5  -11.6   3002    GI
22 10 2092    23 13     97      0.2  -11.0    585    SA
26 10 2092    12 52     56      1.4  -10.0   2532    MA
 6 11 2092    16 15     93     -2.3  -11.0   3395    GI
19 11 2092     6  6    124      0.1  -11.6   2141    SA
 4 12 2092     4 49     68     -2.1  -10.4   3246    GI
16 12 2092     9 31    153      0.0  -12.3   2080    SA
31 12 2092    22 34     45     -2.0   -9.6   2074    GI
25  3 2093     4 50     25      0.1   -8.3   2313    ME
 1  5 2093    15  4     67      0.4  -10.2   2231    SA
29  5 2093     3 17     43      0.4   -9.2   3219    SA
25  6 2093    16  7     19      0.5   -7.6   3582    SA
26  6 2093    13 57     29     -3.8   -8.4   2501    VE
21  7 2093    23 22     17     -0.6   -7.3   3276    ME
23  7 2093     5 16      3      0.5   -3.8   3639    SA
19  8 2093    18 34     26      0.5   -8.2   3465    SA
16  9 2093     7 46     50      0.4   -9.6   2909    SA
13 10 2093    20  7     75      0.3  -10.4   1425    SA
22 11 2093    15 32     51      0.8   -9.9   2034    MA
18 12 2093     6  6      2      1.1   -3.1   3090    VE
21 12 2093    12  4     44      0.9   -9.6    906    MA
30  1 2094    19 21    172      0.0  -12.5   1474    SA
26  2 2094    21 41    143      0.1  -12.1   2227    SA
26  3 2094     2 33    115      0.2  -11.4   1831    SA
10  7 2094    14 48     22     -3.8   -7.9   3665    VE
11  7 2094    10 47     13     -1.2   -6.7   4157    ME
11  7 2094    22 47      7      1.6   -5.4   3563    MA
 9  8 2094    18  7     16      1.6   -7.1     91    MA
 9 12 2094     4 47     17     -3.9   -7.5   3453    VE
26  2 2095    15 35     99      0.3  -11.1   2067    MA
26  3 2095    16 51    118     -0.4  -11.5   3504    MA
23  4 2095     5 26    141     -1.3  -12.1   3138    MA
31  5 2095    15 31     24      0.5   -8.2   2341    ME
 1  6 2095     9 15     14     -1.9   -7.0   1383    GI
 5  6 2095    19 59     43     -4.5   -9.4   2444    VE
29  6 2095     3 44     34     -2.0   -8.9   2959    GI
 1  7 2095     6 55      7     -1.7   -5.5   3327    ME
26  7 2095    19 26     55     -2.1   -9.9   3442    GI
23  8 2095     8 12     77     -2.2  -10.6   3083    GI
19  9 2095    18 29    101     -2.4  -11.2   1828    GI
 6 10 2095     3 51     84      0.0  -10.7   3631    MA
13 11 2095     9 35    158     -2.7  -12.6   1278    GI
28 11 2095    14 35     18     -0.5   -7.5   1778    ME
10 12 2095    14 46    171     -2.7  -12.8   2538    GI
23 12 2095    17 41     35     -3.9   -8.9   3151    VE
 6  1 2096    18 52    141     -2.6  -12.2   3066    GI
 2  2 2096    23 38    112     -2.4  -11.5   3135    GI
 1  3 2096     7 36     86     -2.2  -10.9   2688    GI
```

GG	MM	AAAA	HH	MM	ELONG	MAG	MAGL	T	PIANETA
28	3	2096	20	25	62	-2.0	-10.2	736	GI
24	4	2096	17	49	28	1.4	-8.7	3214	MA
20	5	2096	6	33	26	0.3	-8.4	2305	ME
22	5	2096	4	47	2	-3.9	-2.8	3101	VE
23	5	2096	11	42	20	1.5	-7.9	1164	MA
19	10	2096	22	24	40	-3.9	-9.1	3872	VE
17	11	2096	0	0	21	-0.2	-7.8	3855	ME
10	12	2096	11	33	47	1.5	-9.5	2875	MA
8	1	2097	6	24	58	1.3	-9.9	2622	MA
28	6	2097	2	42	143	-2.1	-12.0	3449	MA
26	8	2097	7	23	141	5.7	-12.1	752	UR
17	9	2097	6	15	130	-1.9	-11.7	3500	MA
22	9	2097	12	23	168	5.7	-12.6	884	UR
6	10	2097	12	8	12	-0.6	-6.7	2805	ME
31	10	2097	15	16	42	0.6	-9.4	1338	SA
3	11	2097	5	8	10	-3.9	-6.3	1622	VE
6	11	2097	3	9	23	0.0	-8.1	3790	ME
28	11	2097	1	11	67	0.5	-10.3	2656	SA
25	12	2097	9	32	93	0.4	-11.0	3277	SA
9	1	2098	20	29	80	5.8	-10.6	1900	UR
21	1	2098	17	42	121	0.3	-11.7	3336	SA
6	2	2098	3	51	53	5.9	-9.8	2836	UR
7	2	2098	10	42	68	0.8	-10.3	3470	MA
18	2	2098	1	59	150	0.2	-12.4	3201	SA
4	3	2098	20	37	19	-3.9	-7.7	3187	VE
5	3	2098	11	55	27	5.9	-8.4	3206	UR
8	3	2098	3	17	58	1.1	-10.0	930	MA
17	3	2098	9	23	178	0.2	-12.8	3211	SA
1	4	2098	21	39	1	5.9	-1.8	3327	UR
13	4	2098	15	1	152	0.2	-12.4	3291	SA
29	4	2098	8	55	25	5.9	-8.2	3396	UR
10	5	2098	19	27	124	0.3	-11.7	3327	SA
26	5	2098	20	32	50	5.9	-9.7	3445	UR
7	6	2098	0	39	98	0.4	-11.1	3357	SA
23	6	2098	7	0	75	5.8	-10.5	3355	UR
4	7	2098	8	42	73	0.5	-10.5	3305	SA
20	7	2098	15	7	101	5.8	-11.1	2995	UR
31	7	2098	20	26	49	0.6	-9.7	3028	SA
16	8	2098	20	42	127	5.8	-11.7	2520	UR
28	8	2098	11	12	25	0.7	-8.4	2469	SA
13	9	2098	0	52	154	5.7	-12.3	2395	UR
24	9	2098	12	49	7	1.7	-5.6	2678	MA
25	9	2098	3	18	2	0.7	-2.8	1414	SA
26	9	2098	7	29	18	-0.3	-7.6	3635	ME
10	10	2098	5	20	178	5.7	-12.6	2651	UR
23	10	2098	4	47	17	1.7	-7.5	2723	MA
26	10	2098	5	35	23	0.1	-8.1	3283	ME
6	11	2098	11	20	150	5.7	-12.3	2853	UR
17	11	2098	19	13	66	-1.8	-10.4	1543	GI
19	11	2098	11	53	44	-4.6	-9.6	2898	VE
3	12	2098	18	59	122	5.8	-11.6	2741	UR
15	12	2098	5	30	91	-2.0	-11.0	3041	GI
31	12	2098	3	26	94	5.8	-10.9	1996	UR

```
GG MM AAAA    HH MM  ELONG    MAG    MAGL     T   PIANETA

10  1 2099    23 35    126    7.9   -11.9   1480   NE
11  1 2099    13  9    118   -2.2   -11.7   3305   GI
 7  2 2099     8 16    154    7.9   -12.6   2001   NE
 7  2 2099    19 45    148   -2.3   -12.4   3223   GI
 6  3 2099    18 29    177    7.9   -12.8   1928   NE
 7  3 2099     1 57    178   -2.4   -12.8   3183   GI
 3  4 2099     4  9    149    7.9   -12.4   1665   NE
 3  4 2099     7 39    151   -2.3   -12.5   3073   GI
30  4 2099    11 46    122    7.9   -11.7   1716   NE
30  4 2099    13 12    123   -2.2   -11.8   2977   GI
12  5 2099    23  9     81    0.3   -10.6   2116   MA
27  5 2099    17 36     96    7.9   -11.1   2256   NE
27  5 2099    19 56     97   -2.0   -11.1   3157   GI
23  6 2099    23 24     70    8.0   -10.4   2790   NE
24  6 2099     5 23     73   -1.8   -10.5   3352   GI
21  7 2099     7  5     44    8.0    -9.5   3055   NE
21  7 2099    18 33     51   -1.7    -9.8   3123   GI
16  8 2099     7 25      3   -1.7    -3.8   1523   ME
16  8 2099    20 55      7   -3.9    -5.7   2641   VE
17  8 2099    17 26     19    8.0    -7.8   3126   NE
18  8 2099    11 24     29   -1.6    -8.7   2161   GI
14  9 2099     5 43      7    8.0    -5.6   3148   NE
16  9 2099     6 29     22    0.0    -8.1   2841   ME
11 10 2099    18  4     33    8.0    -9.0   3194   NE
15 10 2099     9 20     19    0.4    -7.8   2983   ME
 8 11 2099     4 20     59    8.0   -10.2   3228   NE
 5 12 2099    11 30     86    7.9   -10.9   3076   NE
 1  1 2100    16 48    114    7.9   -11.6   2662   NE
```

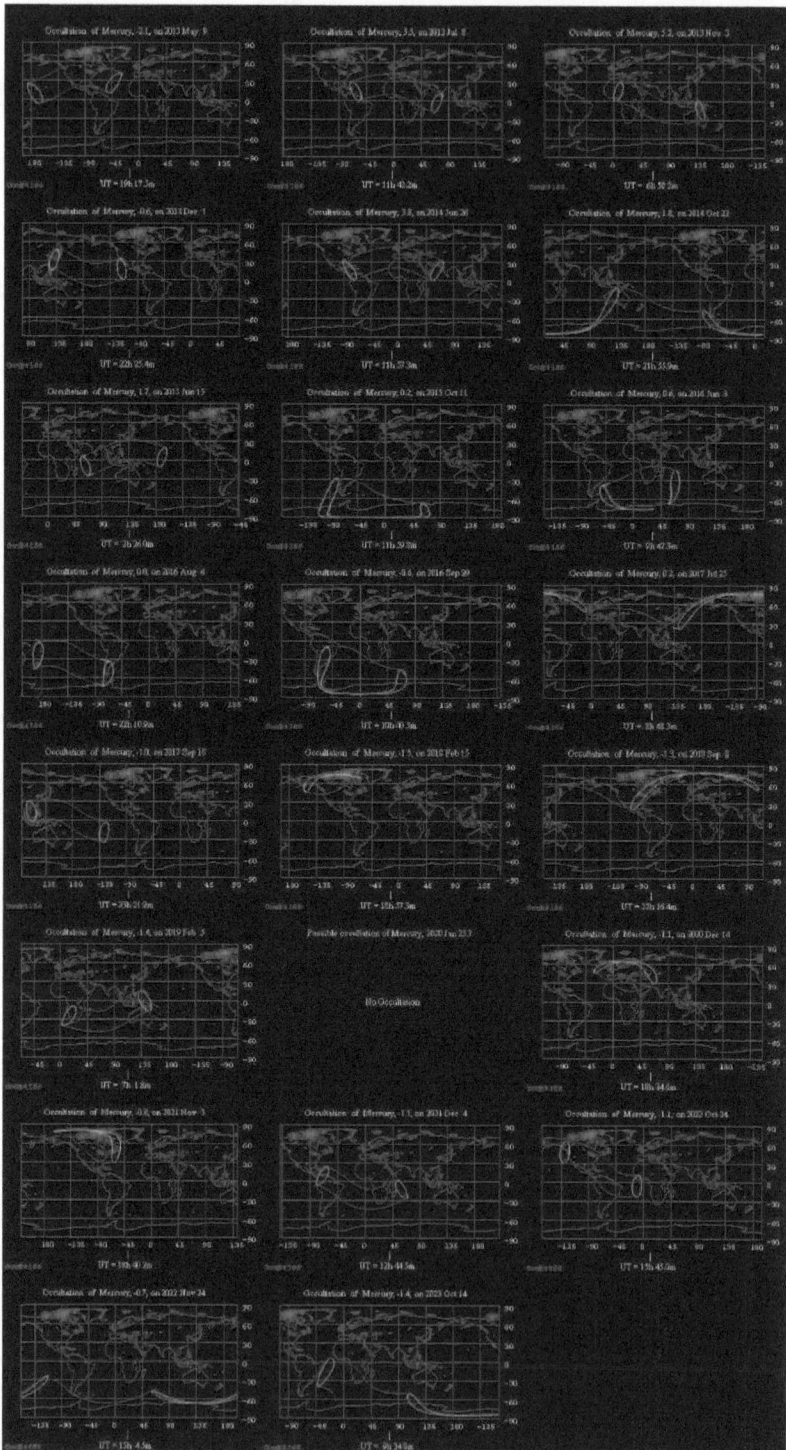

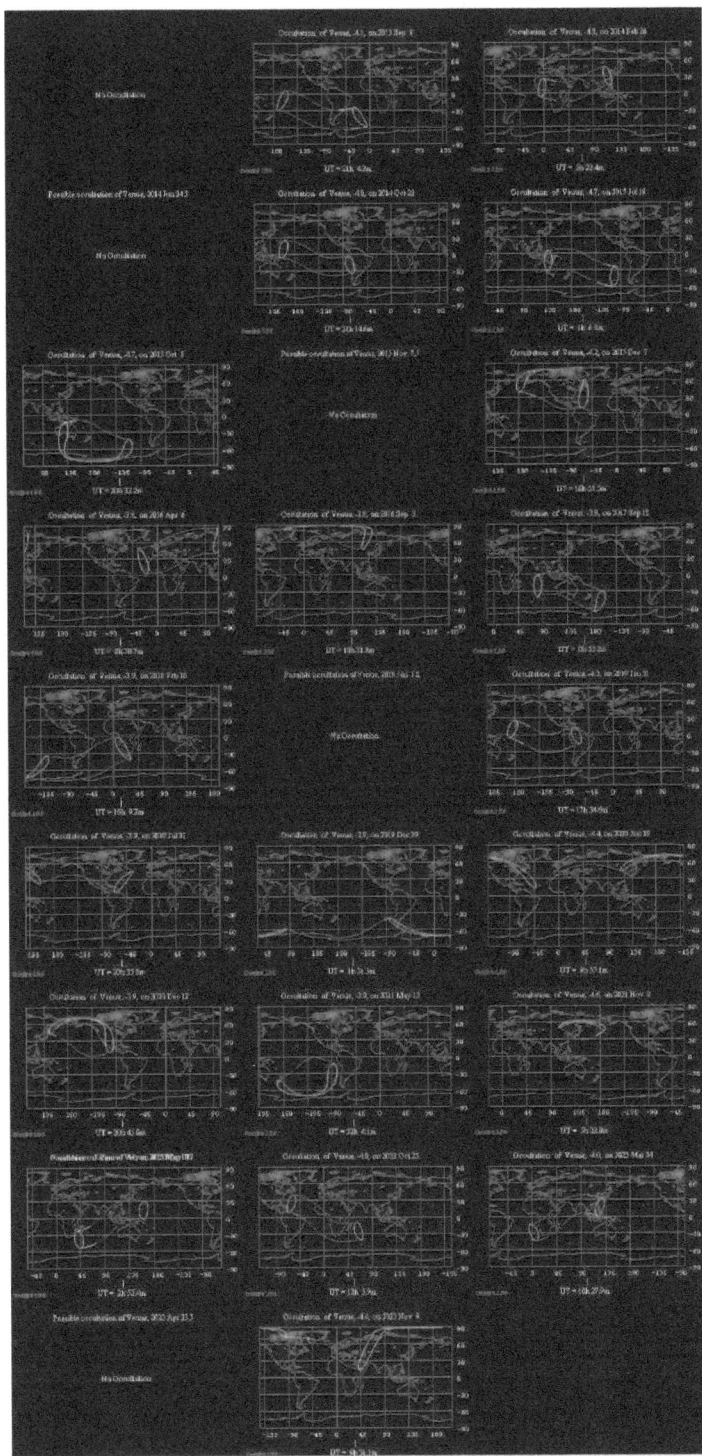

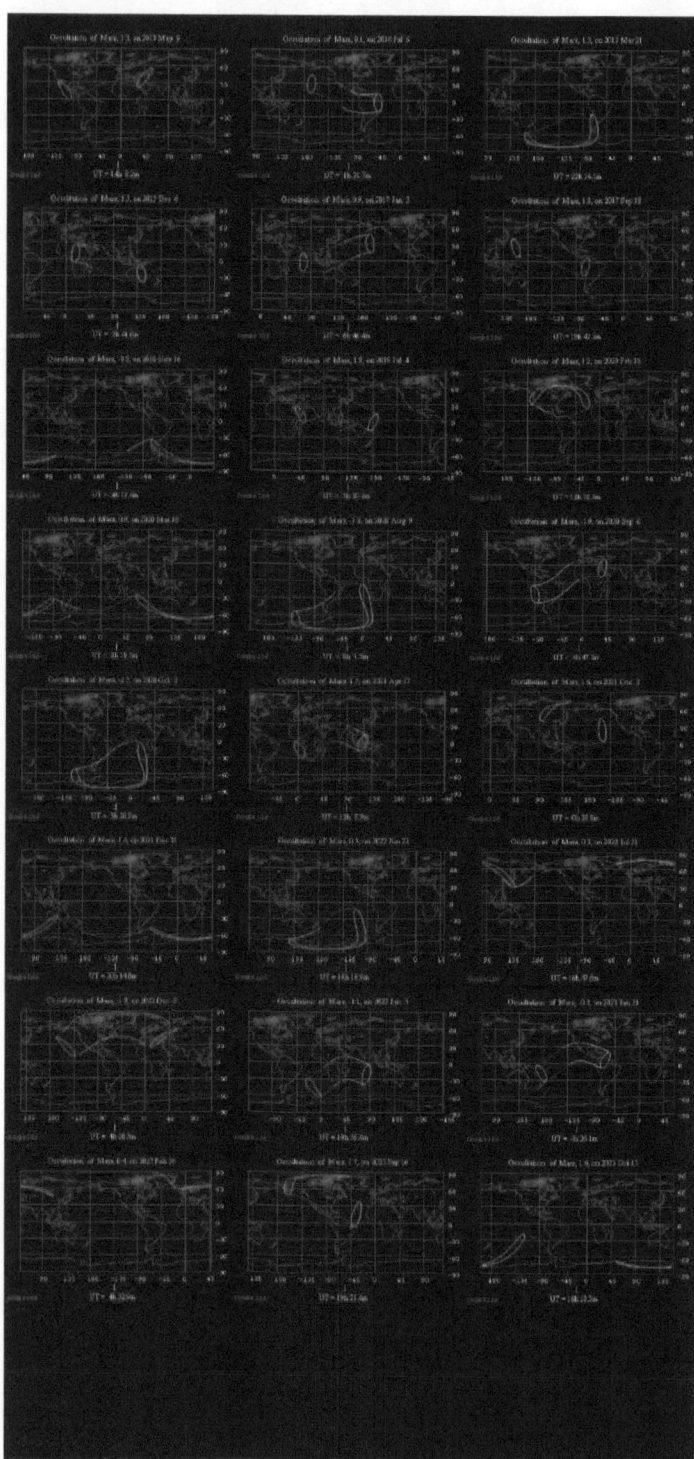

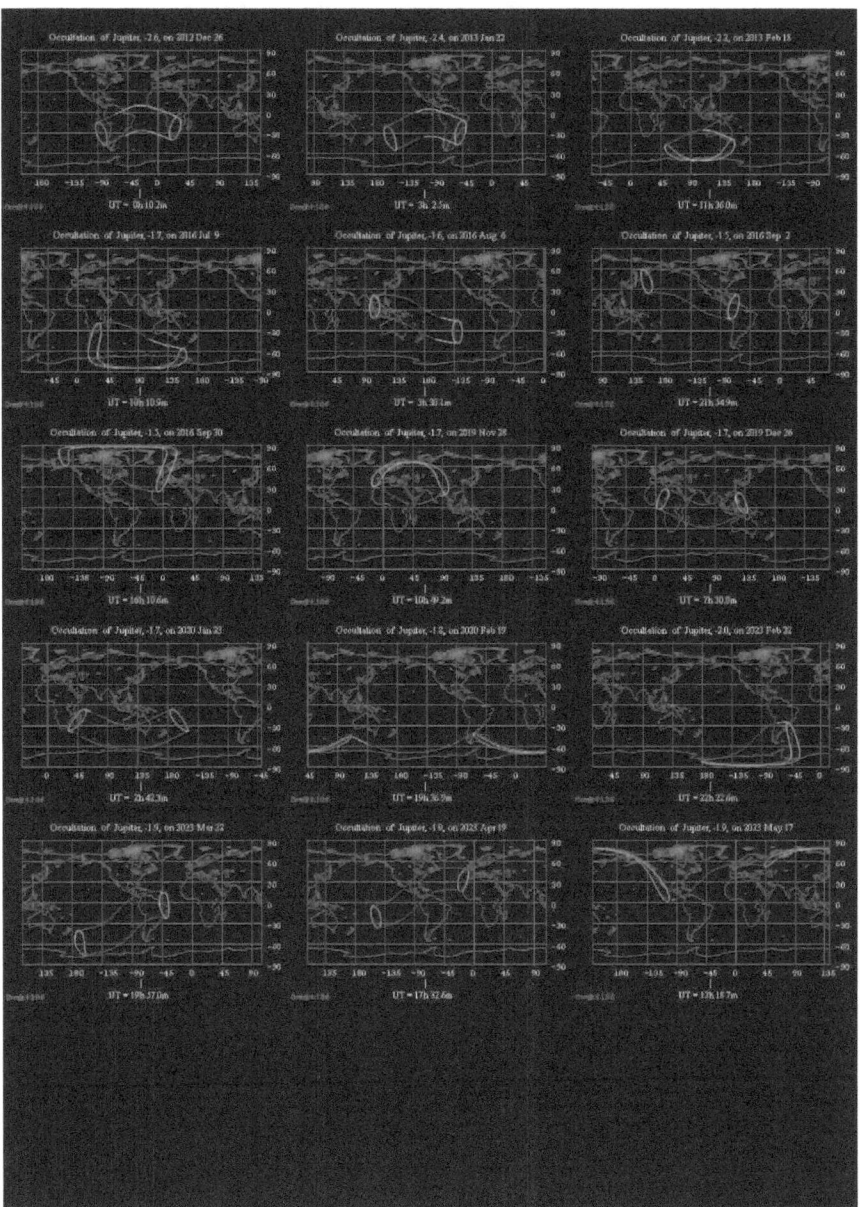

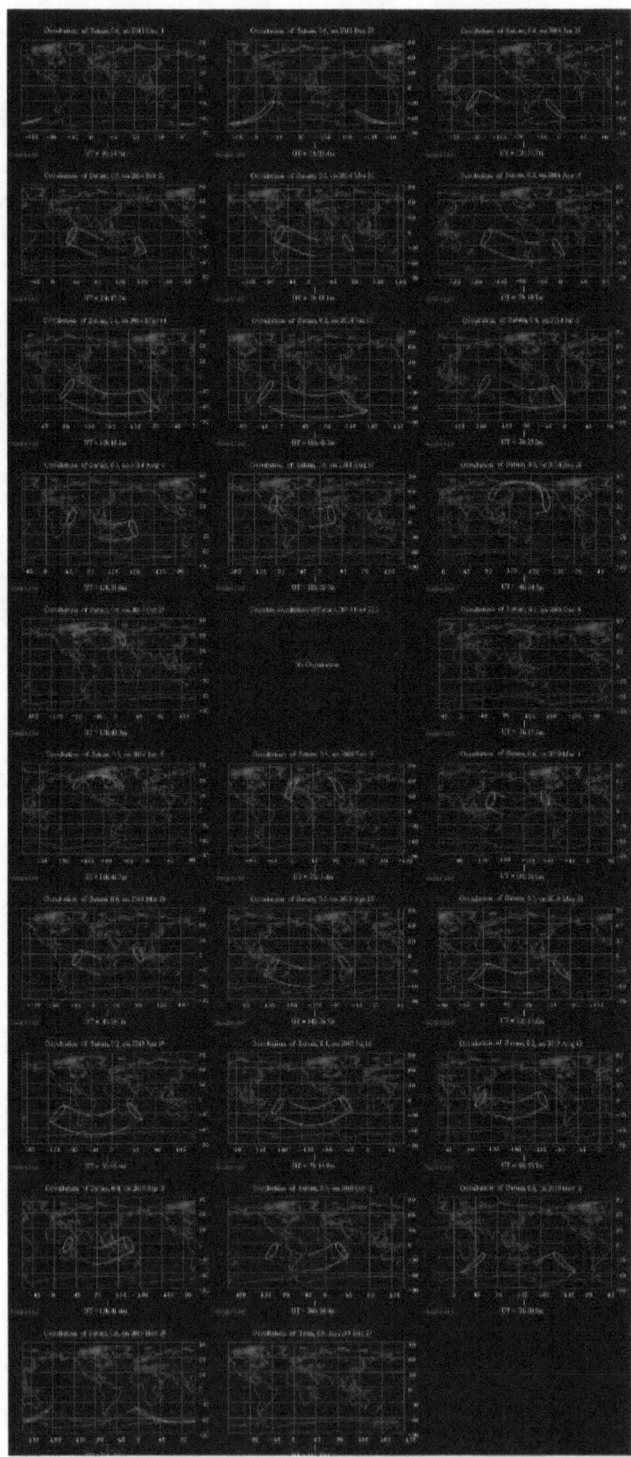

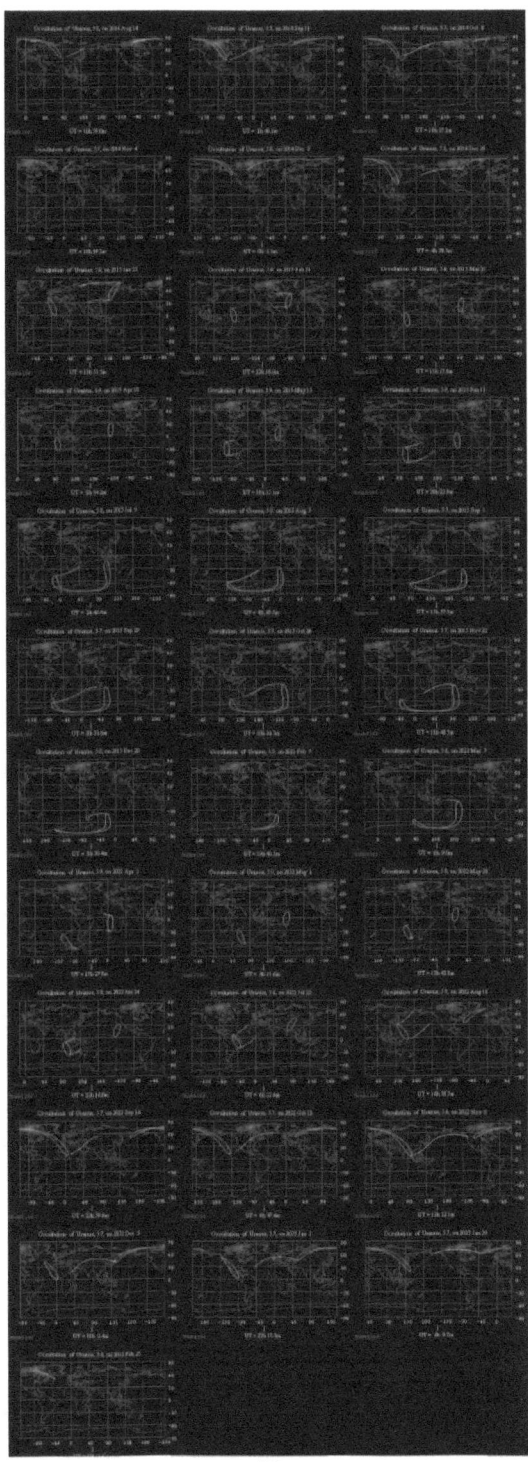

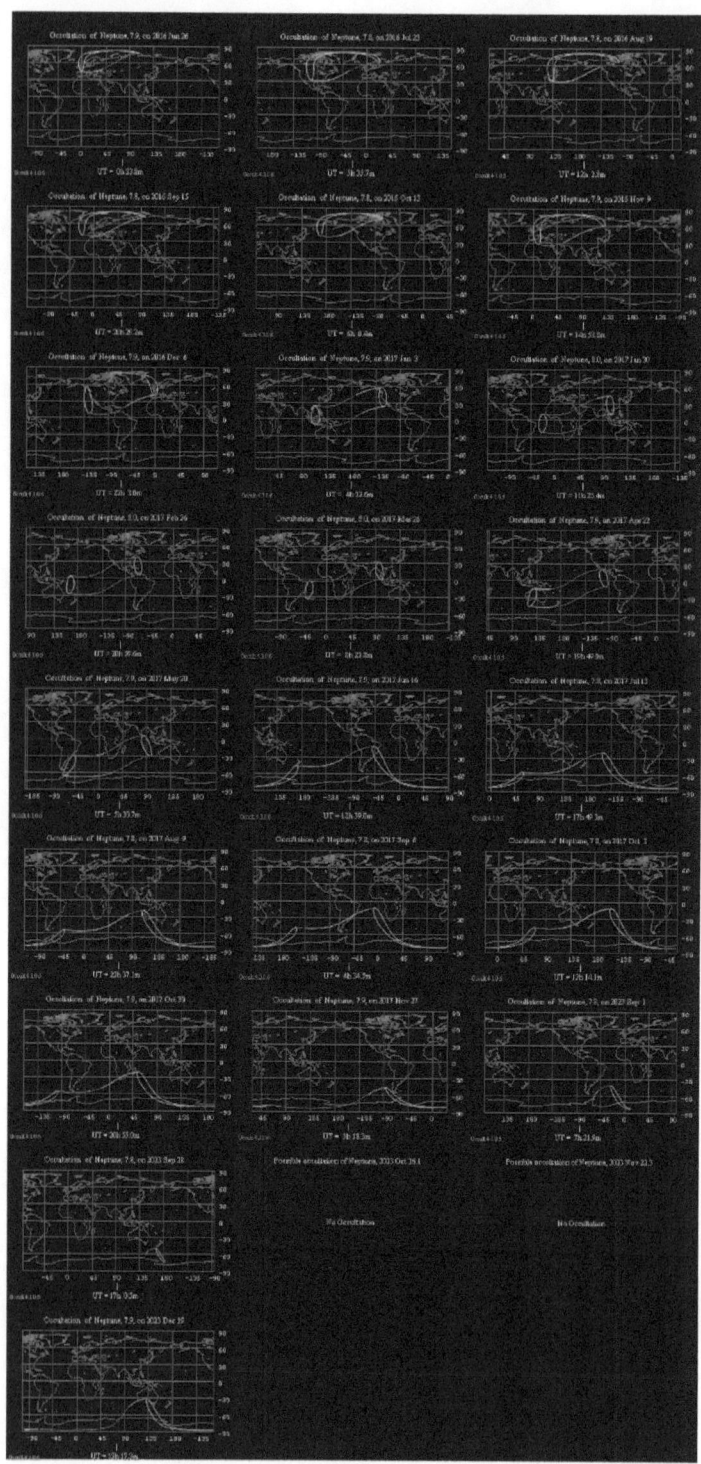

OCCULTAZIONI SIMULTANEE
2 PIANETI LUNA
SIMULTANEUSLY
OCCULTATIONS
2 PLANETS MOON
2000-2100

```
GG MM AAAA : data nel formato giorno/mese/anno
HH MM : ore e minuti
ELONG : elongazione in gradi dal Sole dei corpi
MAG1 : magnitudine del primo pianeta
MAG2 : magnitudine del secondo pianeta
T : durata in in secondi
PIANETI : corpi coinvolti : MErcurio, VEnere, MArte, GIove,
                            SAturno, URano, NEttuno
```

```
GG MM AAAA : date in the format dd/mm/yyyy
HH MM : hours and minutes
ELONG : elongation in ° from the Sun of the bodies
MAG1 : magnitude of the 1st planet
MAG2 : magnitude of the 2st planet
T : duration in seconds
PIANETI : planets : MErcury, VEnus, MArs, GI (Jupiter),
                    SAturn, URanus, NEptune
```

```
GG MM AAAA   HH MM   ELONG   MAG1    MAG2        PIANETI

 4  3 2000    1  4     26    -3.8    5.9         VE     UR
 6  9 2037    1 48     51    -1.9    5.6         GI     UR     (1)
16  2 2038   20 31    143    -2.5    5.4         GI     UR     (2)
16  3 2038    4 45    114    -2.3    5.5         GI     UR     (3)
16  8 2053   21 24     38    -3.9    5.5         VE     UR     (4)
13  2 2056   20  7     21    -0.2    1.1         ME     MA     (5)
 8 10 2059    6 55     18    -3.9    5.6         VE     UR     (6)
```

    (1) Visibile dal bacino del Madagascar
    (2) Visibile dall'Africa
    (3) Visibile dal Sud America
    (4) Visibile dal Nord America
    (5) Visibile dal Nord America
    (6) Visibile in Asia e Russia

        (1) Visible from Madagascar
        (2) Visible from Africa
        (3) Visible from South America
        (4) Visible from North America
        (5) Visible from North America
        (6) Visible from Asia and Russia

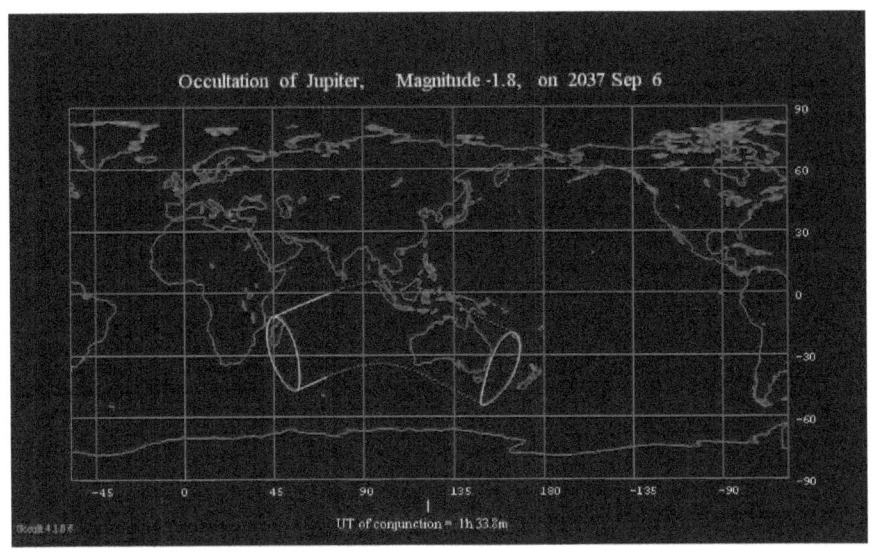

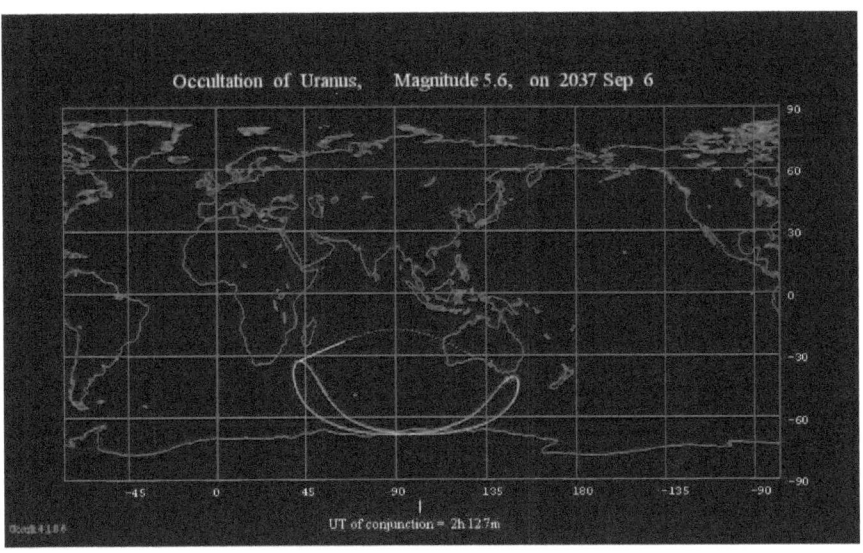

Occultazione di Giove ed Urano
Occultation of Jupiter and Uranus

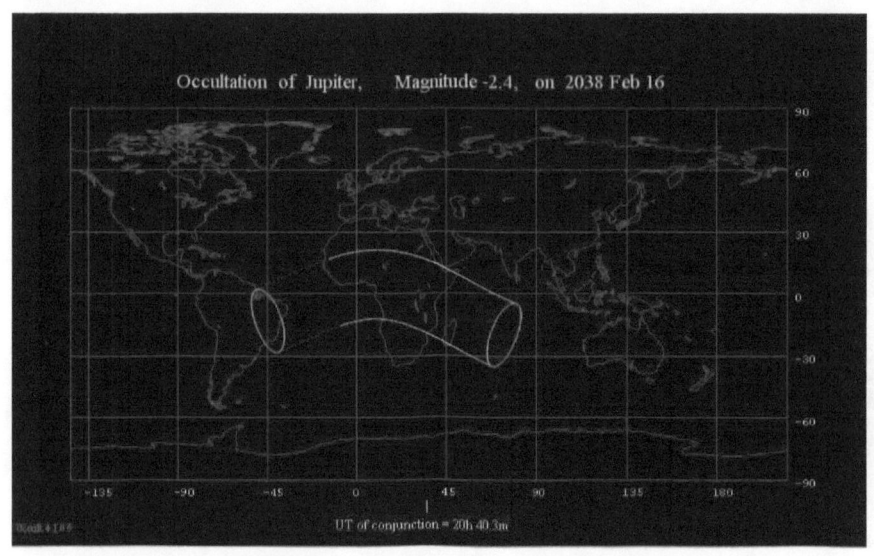

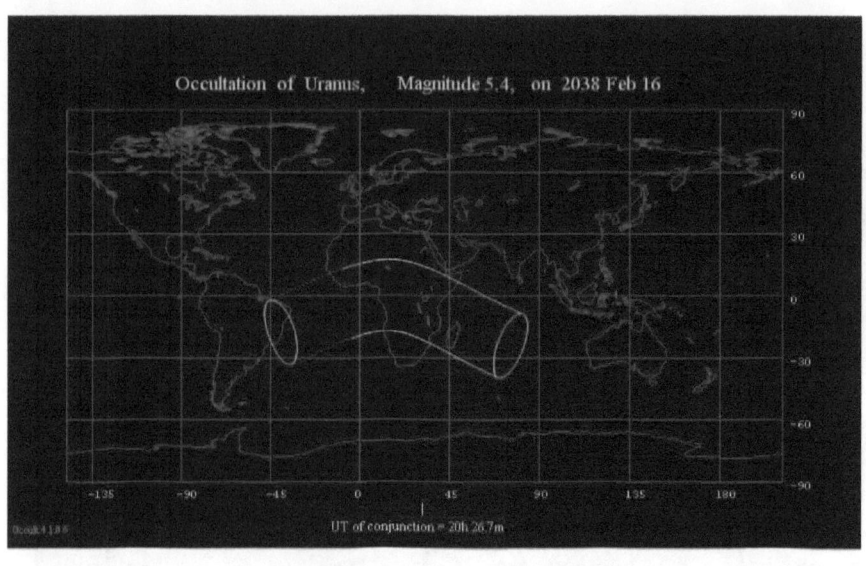

Occultazione di Giove ed Urano
Occultation of Jupiter and Uranus

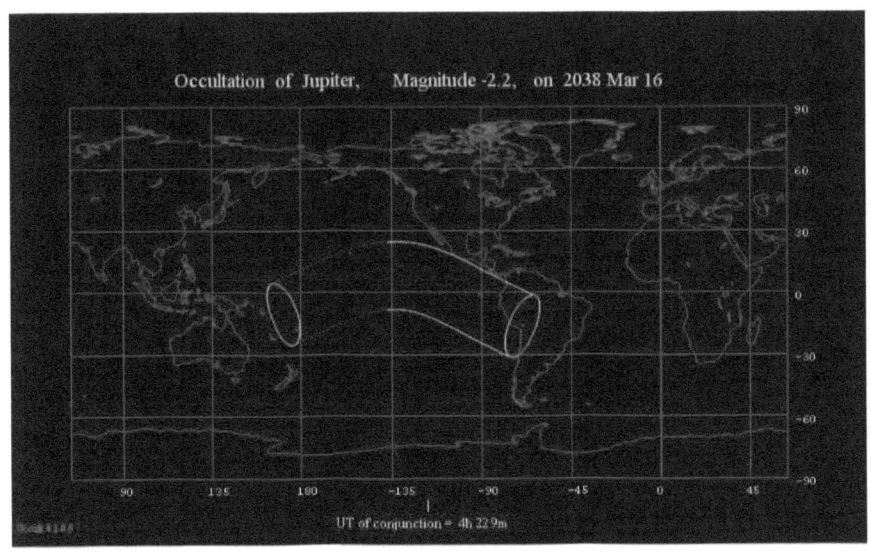

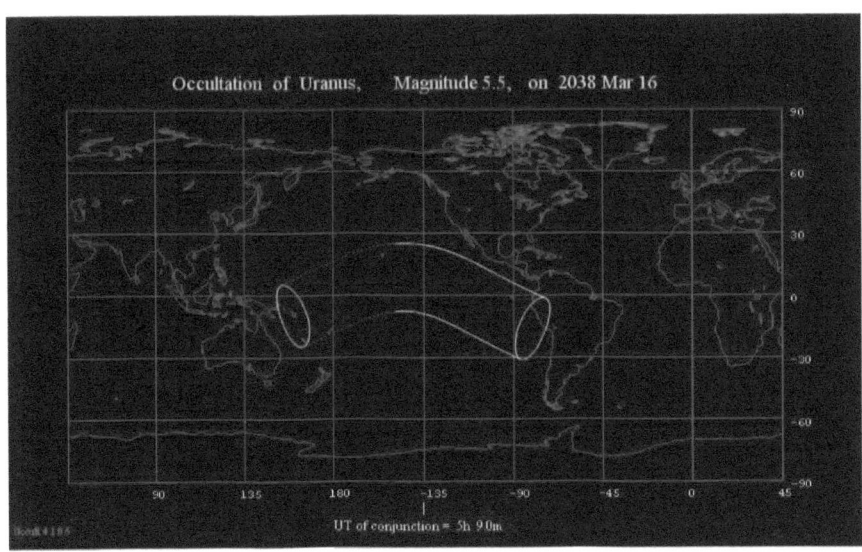

Occultazione di Giove ed Urano
Occultation of Jupiter and Uranus

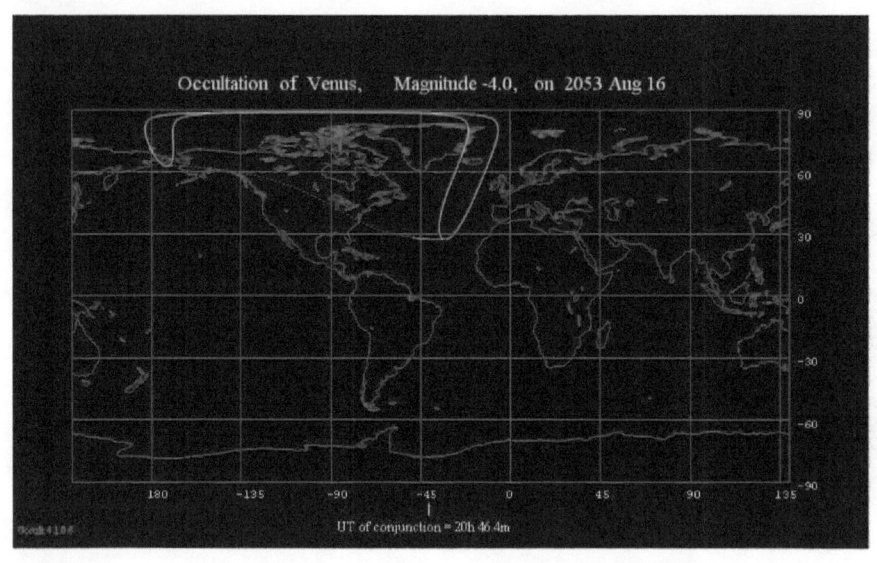

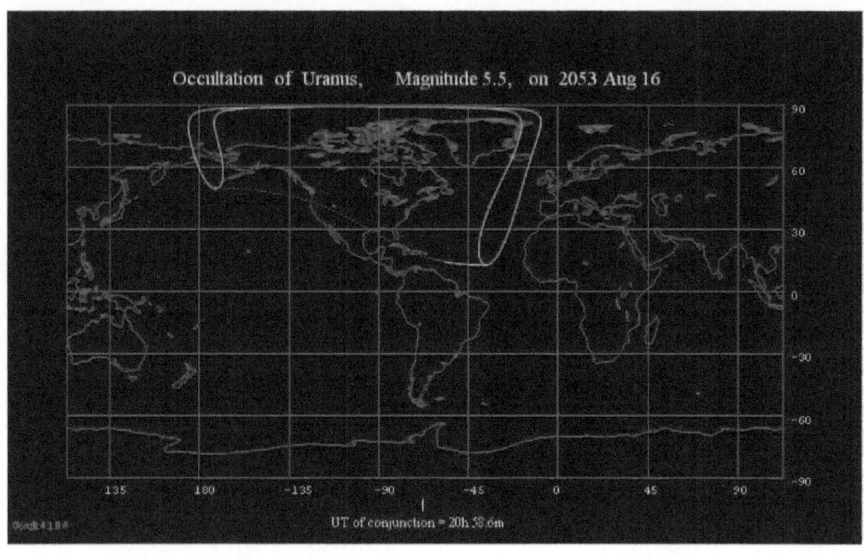

Occultazione di Venere ed Urano
Occultation of Venus and Uranus

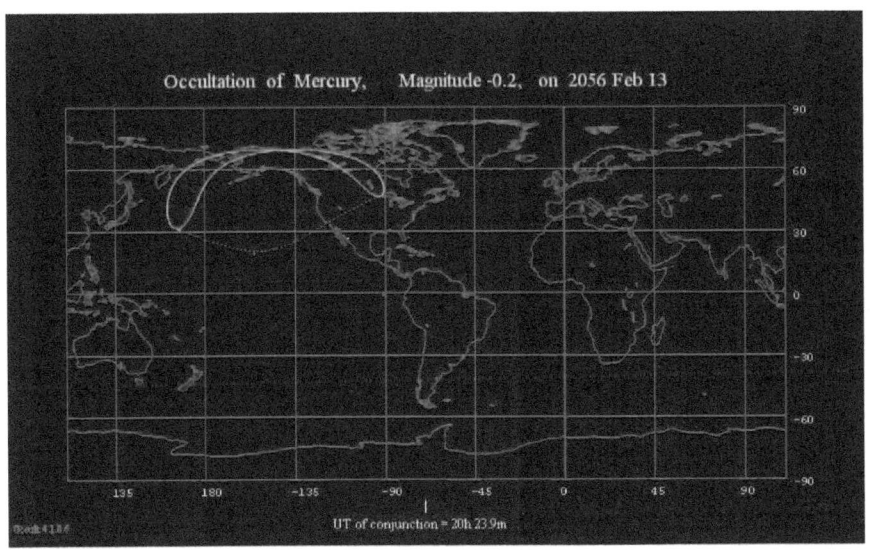

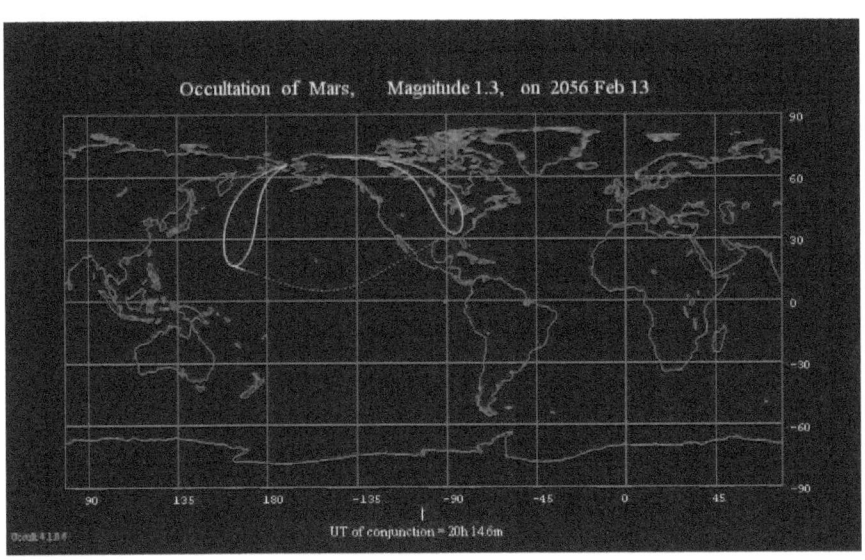

Occultazione di Mercurio e Marte
Occultation of Mercury and Mars

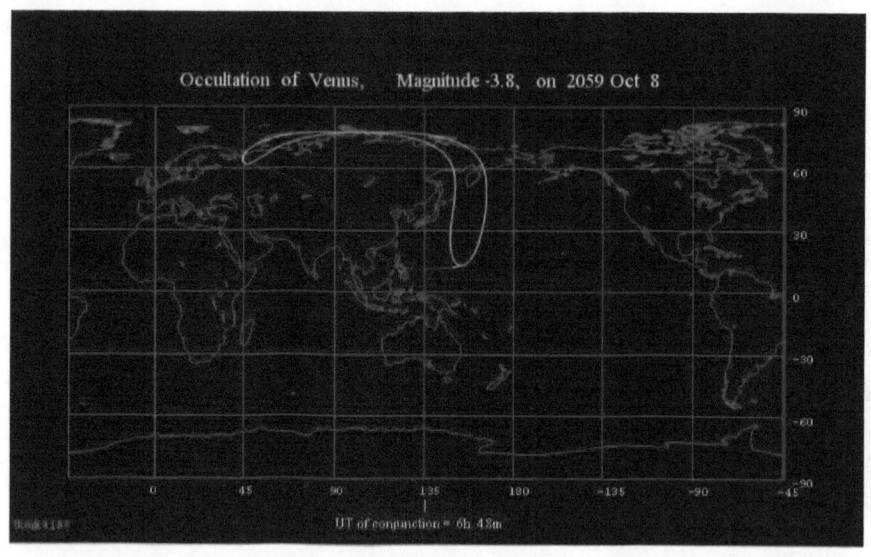

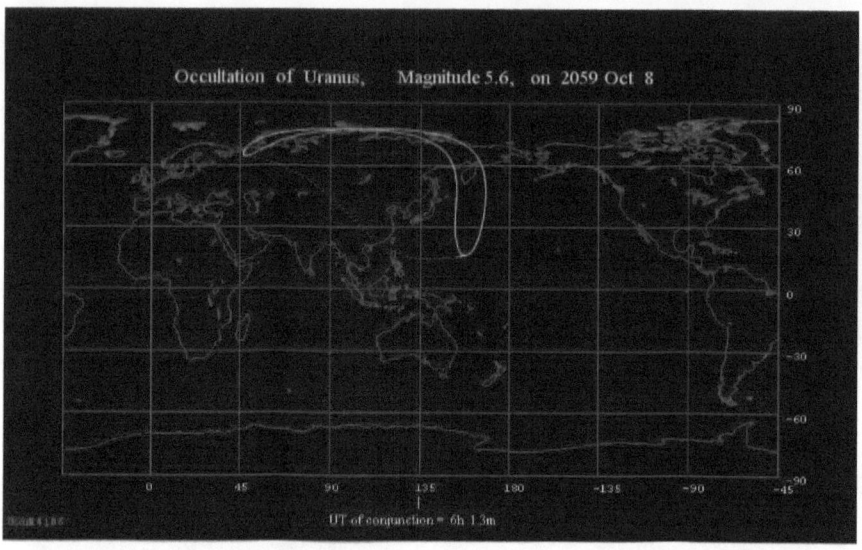

Occultazione di Venere ed Urano
Occultation of Venus and Uranus

OCCULTAZIONI
PIANETI-STELLE
OCCULTATIONS
PLANETS-STARS
2000-10000

```
GG MM AAAA : data nel formato giorno/mese/anno
HH MM : ore e minuti
ELONG : elongazione in gradi dal Sole dei corpi
MAG : magnitudine del pianeta
MAGS : magnitudine della stella
T : durata in secondi
PIANETI : corpi coinvolti : MErcurio, VEnere, MArte, GIove,
          SAturno, URano, NEttuno
```

Stelle fino alla mag 2

```
GG MM AAAA : date in the format dd/mm/yyyy
HH MM : hours and minutes
ELONG : elongation in ° from the Sun of the bodies
MAG : magnitude of the planet
MAGS : magnitude of the star
T : duration in seconds
PIANETI : planets : MErcury, VEnus, MArs, GI (Jupiter),
                SAturn, URanus, NEptune
STELLA :star
```

Stars up to magnitude 2

GG	MM	AAAA	HH	MM	ELONG	MAG	MAGS	T	PIANETA	STELLA
1	10	2044	22	2	39	-3.9	1.4	291	VE	Regulus
2	9	2197	8	2	46	-4.3	1.1	536	VE	Spica
1	8	2253	15	47	24	0.1	1.4	78	ME	Regulus
17	11	2400	1	48	21	-3.9	1.1	1955	VE	Antares
6	8	2608	22	14	23	0.1	1.4	88	ME	Regulus
2	11	3081	19	49	44	-4.6	1.1	961	VE	Antares
22	7	3126	16	2	45	-4.3	1.4	378	VE	Regulus
21	10	3187	7	7	41	-4.0	1.4	130	VE	Regulus
8	10	3230	13	52	25	0.2	1.1	43	ME	Spica
25	10	3414	0	3	42	-4.0	1.4	334	VE	Regulus
11	10	3493	23	12	25	0.2	1.1	85	ME	Spica
15	10	3756	8	33	25	0.2	1.1	70	ME	Spica
27	8	3982	3	17	22	0.0	1.4	91	ME	Regulus
8	11	4059	22	14	6	2.5	1.1	210	ME	Spica
6	8	4285	14	0	45	-4.2	1.4	522	VE	Regulus
22	11	4296	17	1	41	-4.7	1.1	1546	VE	Antares
2	10	4328	17	6	46	-4.2	1.1	286	VE	Spica
15	11	4539	8	36	7	2.4	1.1	193	ME	Spica
10	11	4557	23	16	44	-4.1	1.4	390	VE	Regulus
14	8	4747	4	14	45	-4.2	1.4	480	VE	Regulus
13	11	5814	13	42	25	0.2	1.1	67	ME	Spica
30	8	5898	4	33	44	-4.1	1.4	414	VE	Regulus
25	9	5974	3	51	21	-0.2	1.4	83	ME	Regulus
7	11	6212	9	0	18	-0.2	1.4	165	ME	Regulus
9	9	6587	16	34	43	-4.0	1.4	373	VE	Regulus
10	11	7180	22	34	45	-4.2	1.1	459	VE	Spica
12	10	7256	14	43	20	-0.3	1.4	65	ME	Regulus
19	9	7276	8	14	42	-4.0	1.4	338	VE	Regulus
9	1	7536	4	11	7	-1.6	1.1	753	VE	Spica
17	10	7565	23	50	20	-0.3	1.4	80	ME	Regulus
10	12	7826	21	19	26	0.2	1.1	82	ME	Spica
22	10	7874	8	53	19	-0.3	1.4	79	ME	Regulus
1	10	7965	2	40	41	-3.9	1.4	131	VE	Regulus
7	10	7987	2	49	36	1.6	1.4	147	MA	Regulus
30	12	8018	13	44	46	-4.4	1.4	544	VE	Regulus
26	10	8183	18	1	19	-0.3	1.4	66	ME	Regulus
7	12	8362	2	7	18	-0.1	1.4	70	ME	Regulus
13	9	8879	19	17	11	2.1	1.0	582	ME	Aldebaran
18	9	8879	6	47	119	-0.4	1.1	1342	MA	Spica
27	12	9049	1	9	26	0.2	1.1	120	ME	Spica
27	9	9234	7	28	19	1.0	1.0	1290	ME	Aldebaran
8	11	9311	21	55	22	1.7	1.4	106	MA	Regulus
22	10	9343	21	39	38	-3.9	1.4	270	VE	Regulus
12	11	9373	7	34	18	-0.4	1.4	46	ME	Regulus
2	1	9530	22	34	26	0.2	1.1	84	ME	Spica

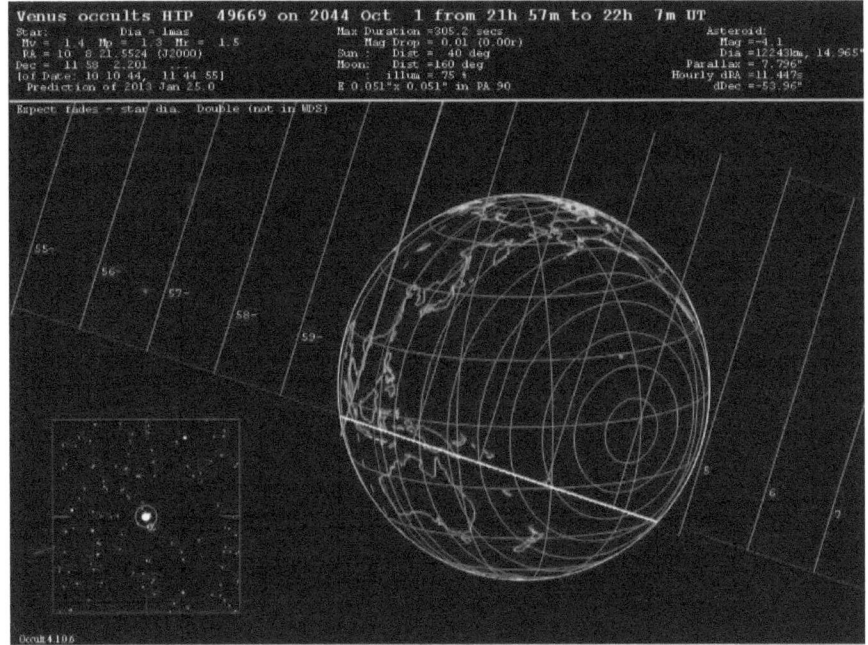

D : sparizione   Disappearance
R : riapparizione   Reappearance

Tempi in UT

Occultazione 2044

Location	D		R	
	h	m	h	m
BD Chittagong	21	57.5	22	1.9
BD Cox'S Bazar	21	57.5	22	1.9
BD Dhaka	21	57.5	22	2.0
BD Dhaka	21	57.4	22	2.0
BD Ishurdi	21	57.4	22	2.0
BD Jessore	21	57.4	22	1.9
BD Rajshahi	21	57.4	22	2.0
BD Saidpur	21	57.4	22	2.0
BD Sylhet Osmani	21	57.4	22	2.0
BN Brunei	21	58.8	22	1.6
BR Ciudad Acuna	22	1.6	22	6.6
BT Paro	21	57.4	22	2.1
CA Abbotsford	22	0.8	22	5.7
CA Alert	21	59.5	22	4.0
CA Armstrong	22	0.9	22	5.5
CA Atikokan	22	1.0	22	5.6
CA Baker Lake	22	0.4	22	4.9
CA Brandon	22	1.0	22	5.6
CA Buffalo Narrows	22	0.7	22	5.4
CA Burwash	22	0.2	22	4.9

Location	D		R	
	h	m	h	m
CA Calgary	22	0.9	22	5.6
CA Cambridge Bay	22	0.2	22	4.7
CA Campbell River	22	0.8	22	5.6
CA Cape Dorset	22	0.3	22	4.8
CA Castlegar	22	0.9	22	5.7
CA Chilliwack	22	0.8	22	5.7
CA Churchill	22	0.6	22	5.2
CA Clyde River	22	0.0	22	4.4
CA Cold Lake	22	0.8	22	5.4
CA Comox	22	0.8	22	5.6
CA Coppermine	22	0.2	22	4.8
CA Coral Harbour	22	0.9	22	5.6
CA Coronation	22	0.8	22	5.5
CA Cranbrook	22	0.9	22	5.7
CA Dauphin	22	0.9	22	5.6
CA Dawson	22	0.1	22	4.8
CA Dawson Creek	22	0.6	22	5.3
CA Dease Lake	22	0.4	22	5.2
CA Dryden	22	1.0	22	5.6
CA Edmonton	22	0.8	22	5.5
CA Edson	22	0.8	22	5.5
CA Eskimo Point	22	0.6	22	5.0
CA Estevan	22	1.0	22	5.7
CA Eureka	21	59.7	22	4.2
CA Faro	22	0.2	22	5.0
CA Flin Flon	22	0.8	22	5.4
CA Fort Chipewyan	22	0.6	22	5.2
CA Fort McMurray	22	0.7	22	5.3
CA Fort McPherson	22	0.0	22	4.7
CA Fort Nelson	22	0.5	22	5.2
CA Fort Resolution	22	0.5	22	5.1
CA Fort Saint John	22	0.6	22	5.3
CA Fort Simpson	22	0.4	22	5.0
CA Fort Smith	22	0.5	22	5.1
CA Geraldton	22	1.0	22	5.5
CA Gillam	22	0.7	22	5.3
CA Gjoa Haven	22	0.2	22	4.7
CA Grande Prairie	22	0.7	22	5.4
CA Hall Beach	22	0.2	22	4.6
CA Hay River	22	0.5	22	5.1
CA High Level	22	0.6	22	5.2
CA Holman Island	22	0.1	22	4.6
CA Hudson Bay	22	0.9	22	5.5
CA Inuvik	22	0.0	22	4.7
CA Kamloops	22	0.8	22	5.6
CA Kelowna	22	0.8	22	5.6
CA Kenora	22	1.0	22	5.6
CA Kindersley	22	0.9	22	5.6
CA La Ronge	22	0.8	22	5.4
CA Lethbridge	22	0.9	22	5.7
CA Lloydminster	22	0.8	22	5.5
CA Lynn Lake	22	0.7	22	5.3
CA Mayo	22	0.2	22	4.9

Location	D		R	
	h	m	h	m
CA Meadow Lake	22	0.8	22	5.4
CA Medicine Hat	22	0.9	22	5.6
CA Moose Jaw	22	0.9	22	5.6
CA Nakina	22	0.9	22	5.5
CA Nanaimo	22	0.8	22	5.6
CA Nanisivik	22	0.0	22	4.4
CA Norman Wells	22	0.2	22	4.8
CA North Battleford	22	0.8	22	5.5
CA Old Crow	22	0.0	22	4.7
CA Peace River	22	0.6	22	5.3
CA Pelly Bay	22	0.2	22	4.7
CA Penticton	22	0.9	22	5.7
CA Pickle Lake	22	0.9	22	5.5
CA Pitt Meadows	22	0.8	22	5.6
CA Pond Inlet	22	0.0	22	4.4
CA Port Hardy	22	0.7	22	5.5
CA Portage-La-Prairie	22	1.0	22	5.6
CA Prince Albert	22	0.8	22	5.5
CA Prince George	22	0.7	22	5.4
CA Prince Pupert	22	0.6	22	5.3
CA Princeton	22	0.9	22	5.6
CA Quesnel	22	0.7	22	5.5
CA Rankin Inlet	22	0.5	22	4.9
CA Red Deer Industrial	22	0.8	22	5.5
CA Regina	22	0.9	22	5.6
CA Repulse Bay	22	0.3	22	4.7
CA Resolute	22	0.0	22	4.4
CA Rocky Mountain House	22	0.8	22	5.5
CA Sachs Harbour	22	0.0	22	4.5
CA Sandspit	22	0.6	22	5.4
CA Saskatoon	22	0.9	22	5.5
CA Sioux Lookout	22	1.0	22	5.6
CA Slave Lake	22	0.7	22	5.4
CA Smithers	22	0.6	22	5.3
CA Spence Bay	22	0.2	22	4.6
CA Swift Current	22	0.9	22	5.6
CA Terrace	22	0.6	22	5.4
CA Teslin	22	0.3	22	5.1
CA Thompson	22	0.8	22	5.3
CA Thunder Bay	22	1.0	22	5.6
CA Tofino	22	0.8	22	5.6
CA Tuktoyaktuk	22	0.0	22	4.6
CA Vancouver	22	0.8	22	5.6
CA Vermillion	22	0.8	22	5.5
CA Victoria	22	0.8	22	5.7
CA Watson Lake	22	0.4	22	5.1
CA Whitecourt	22	0.7	22	5.4
CA Whitehorse	22	0.3	22	5.0
CA Williams Lake	22	0.7	22	5.5
CA Winnipeg	22	1.0	22	5.6
CA Wrigley	22	0.3	22	5.0
CA Yellowknife	22	0.4	22	5.0
CA Yorkton	22	0.9	22	5.6

Location	D		R	
	h	m	h	m
CF Yalinga	22	1.1	22	5.8
CK Aitutaki	22	2.6	22	5.1
CK Avarua	22	2.8	22	5.0
CL Easter Island	22	3.1	22	6.6
CN Beijing	21	57.8	22	2.8
CN Changcha	21	57.8	22	2.4
CN Chengdu	21	57.6	22	2.3
CN Chongqing	21	57.6	22	2.3
CN Dalian	21	57.9	22	2.9
CN Fuzhou	21	58.0	22	2.5
CN Guangzhou	21	57.9	22	2.3
CN Guilin	21	57.8	22	2.3
CN Hailar	21	57.9	22	3.0
CN Hangzhou	21	57.9	22	2.7
CN Harbin	21	58.0	22	3.1
CN Hefei	21	57.8	22	2.6
CN Hotan	21	57.3	22	2.3
CN Huhhot	21	57.7	22	2.7
CN Jiamusi	21	58.1	22	3.2
CN Jinghonggasa	21	57.6	22	2.0
CN Kashi	21	57.3	22	2.3
CN Kunming	21	57.6	22	2.1
CN Lanzhou	21	57.5	22	2.4
CN Mudanjiang	21	58.1	22	3.2
CN Nanchang	21	57.8	22	2.5
CN Nanjing	21	57.9	22	2.6
CN Ninbo	21	57.9	22	2.7
CN Qingdao	21	57.9	22	2.8
CN Shanghai	21	57.9	22	2.7
CN Shantou	21	58.0	22	2.4
CN Shenzhen	21	57.9	22	2.3
CN Shijiazhuang	21	57.7	22	2.7
CN Taiyuan	21	57.7	22	2.6
CN Tianjin	21	57.8	22	2.8
CN Tichang	21	57.7	22	2.4
CN Urumqi	21	57.4	22	2.5
CN Wuhan	21	57.8	22	2.5
CN Xi'An	21	57.6	22	2.5
CN Xiamen	21	58.0	22	2.4
CN Xichang	21	57.6	22	2.2
CN Yanji	21	58.1	22	3.1
CN Yantai	21	57.9	22	2.8
CN Zhengzhou	21	57.7	22	2.6
FJ Lambasa	22	2.3	22	3.8
FJ Nandi	22	2.6	22	3.3
FJ Nausori	22	2.6	22	3.4
FM Chuuk	21	59.7	22	3.3
FM Kosrae	22	0.2	22	3.9
FM Pohnpei	21	59.9	22	3.7
FM Yap	21	59.1	22	2.7
HK Hong Kong	21	57.9	22	2.3
HK Sek Kong	21	57.9	22	2.3
ID Ambon	22	0.1	22	1.4

Location	D		R	
	h	m	h	m
ID Balikpapan	21	59.5	22	1.2
ID Banda Aceh	21	58.3	22	1.3
ID Banjarmasin	21	59.7	22	0.9
ID Batam	21	58.9	22	1.1
ID Batu Licin	21	59.8	22	0.9
ID Bengkulu	21	59.5	22	0.6
ID Biak	21	59.9	22	2.1
ID Dumai	21	58.7	22	1.1
ID Gorontalo	21	59.4	22	1.6
ID Gunung Sitoli	21	58.7	22	1.1
ID Jambi	21	59.2	22	0.9
ID Jayapura	22	0.2	22	2.2
ID Kaimana	22	0.2	22	1.7
ID Kendari	22	0.1	22	1.0
ID Ketapang	21	59.4	22	1.0
ID Langgur	22	0.6	22	1.3
ID Lhok Sukon	21	58.4	22	1.3
ID Luwuk	21	59.6	22	1.5
ID Makale	21	59.8	22	1.1
ID Manado	21	59.4	22	1.7
ID Manokwari	21	59.8	22	2.0
ID Masamba	21	59.7	22	1.2
ID Medan	21	58.5	22	1.2
ID Muko Muko	21	59.2	22	0.8
ID Nabire	22	0.2	22	1.8
ID Nangapinoh	21	59.2	22	1.2
ID Natuna	21	58.7	22	1.4
ID Padang	21	59.0	22	0.9
ID Padang Sidempuan	21	58.7	22	1.1
ID Palangkaraya	21	59.5	22	1.0
ID Palembang	21	59.4	22	0.8
ID Palu	21	59.5	22	1.4
ID Pangkal Pinang	21	59.3	22	0.9
ID Pangkalan Bun	21	59.5	22	0.9
ID Pekanbaru	21	58.9	22	1.1
ID Pendoro	21	59.4	22	0.7
ID Ponggaluku	22	0.1	22	1.0
ID Pontianak	21	59.1	22	1.1
ID Poso	21	59.6	22	1.3
ID Putusibau	21	59.1	22	1.3
ID Rengat	21	59.0	22	1.0
ID Sabang	21	58.3	22	1.3
ID Samarinda	21	59.4	22	1.3
ID Sampit	21	59.5	22	1.0
ID Sibolga	21	58.7	22	1.1
ID Singkep	21	59.0	22	1.0
ID Sintang	21	59.2	22	1.2
ID Soroako	21	59.7	22	1.2
ID Sorong	21	59.8	22	1.8
ID Tahuna	21	59.2	22	1.9
ID Tanjung Pandan	21	59.4	22	0.8
ID Tanjung Pinang	21	58.9	22	1.1
ID Tanjung Redep	21	59.1	22	1.5

Location	D		R	
	h	m	h	m
ID Tanjung Santan	21	59.3	22	1.4
ID Taraken	21	59.0	22	1.6
ID Ternate	21	59.5	22	1.8
ID Timika	22	0.4	22	1.8
ID Ujung Pandang	22	0.4	22	0.5
ID Wamena	22	0.3	22	1.9
ID Whok Seumawe	21	58.3	22	1.3
IN Agartala	21	57.5	22	2.0
IN Agra	21	57.3	22	2.0
IN Aizwal	21	57.5	22	2.0
IN Akola	..	....	22	1.9
IN Allahabad	21	57.3	22	2.0
IN Along	21	57.4	22	2.1
IN Amritsar	21	57.3	22	2.2
IN Baghdogra	21	57.4	22	2.0
IN Bakshi Ka Talab	21	57.3	22	2.0
IN Balurghat	21	57.4	22	2.0
IN Bareilly	21	57.3	22	2.1
IN Bhatinda	..	....	22	2.1
IN Bhiwani	21	57.3	22	2.1
IN Bhopal	21	57.4	22	1.9
IN Bhubaneswar	21	57.5	22	1.8
IN Bidar	..	....	22	1.8
IN Bilaspur	21	57.4	22	1.9
IN Bokaro	21	57.4	22	1.9
IN Calcutta	21	57.5	22	1.9
IN Carnicobar	21	58.0	22	1.5
IN Chandigarh	21	57.3	22	2.1
IN Cooch-Behar	21	57.4	22	2.0
IN Cuddapah	..	....	22	1.7
IN Dehra Dun	21	57.3	22	2.1
IN Delhi	21	57.3	22	2.1
IN Delhi	21	57.3	22	2.1
IN Deparizo	21	57.4	22	2.1
IN Dhanbad	21	57.4	22	1.9
IN Dundigul	21	57.5	22	1.8
IN Gauhati	21	57.4	22	2.0
IN Gaya	21	57.4	22	2.0
IN Gorakhpur	21	57.3	22	2.0
IN Guna	21	57.3	22	2.0
IN Gwalior	21	57.3	22	2.0
IN Hirakud	21	57.4	22	1.9
IN Hissar	21	57.3	22	2.1
IN Hyderabad	21	57.5	22	1.8
IN Imphal	21	57.5	22	2.0
IN Jabalpur	21	57.4	22	1.9
IN Jaipur	..	....	22	2.0
IN Jammu	21	57.3	22	2.2
IN Jamshedpur	21	57.4	22	1.9
IN Jeypore	21	57.5	22	1.8
IN Jhansi	21	57.3	22	2.0
IN Jharsuguda	21	57.4	22	1.9
IN Jorhat	21	57.4	22	2.1

Location	D		R	
	h	m	h	m
IN Kailashahar	21	57.5	22	2.0
IN Kamalpur	21	57.5	22	2.0
IN Kanpur	21	57.3	22	2.0
IN Khajuraho	21	57.3	22	2.0
IN Kota	..	....	22	2.0
IN Kulu	21	57.3	22	2.1
IN Leh	21	57.3	22	2.2
IN Lilabari	21	57.4	22	2.1
IN Lucknow	21	57.3	22	2.0
IN Ludhiaha	21	57.3	22	2.1
IN Madras	21	57.7	22	1.6
IN Mazuffarpur	21	57.4	22	2.0
IN Mohanbari	21	57.4	22	2.1
IN Nagarjunsagar	21	57.5	22	1.7
IN Nagpur	21	57.4	22	1.9
IN Nainital	21	57.3	22	2.1
IN Nawapara	21	57.4	22	1.8
IN Panagarh	21	57.4	22	1.9
IN Pasighat	21	57.4	22	2.1
IN Pathankot	21	57.3	22	2.2
IN Patiala	21	57.3	22	2.1
IN Patina	21	57.4	22	2.0
IN Port Blair	21	57.9	22	1.6
IN Purnea	21	57.4	22	2.0
IN Raibarelli	21	57.3	22	2.0
IN Raipur	21	57.4	22	1.9
IN Rajahmundry	21	57.5	22	1.7
IN Ranchi	21	57.4	22	1.9
IN Rourkela	21	57.4	22	1.9
IN Saharanpur	21	57.3	22	2.1
IN Shimla	21	57.3	22	2.1
IN Silchar	21	57.5	22	2.0
IN Srinagar	21	57.3	22	2.2
IN Tambaram	21	57.7	22	1.6
IN Tanjore	..	....	22	1.5
IN Tirupeti	21	57.6	22	1.6
IN Utkela	21	57.5	22	1.8
IN Varanasi	21	57.4	22	2.0
IN Vijayawada	21	57.5	22	1.7
IN Warangal	21	57.5	22	1.8
IN Zero	21	57.4	22	2.1
JP Akita	21	58.4	22	3.4
JP Amami	21	58.2	22	2.9
JP Aomori	21	58.4	22	3.4
JP Asahikawa	21	58.4	22	3.5
JP Ashiya	21	58.1	22	3.0
JP Atsugi	21	58.4	22	3.3
JP Chitose	21	58.4	22	3.5
JP Fukue	21	58.1	22	2.9
JP Fukui	21	58.3	22	3.2
JP Fukuoka	21	58.1	22	3.0
JP Futema	21	58.2	22	2.8
JP Gifu	21	58.3	22	3.2

Location	D		R	
	h	m	h	m
JP Hachijojima	21	58.4	22	3.3
JP Hachinoe	21	58.4	22	3.5
JP Hakodate	21	58.4	22	3.4
JP Hamamatsu	21	58.3	22	3.3
JP Hanamaki	21	58.4	22	3.4
JP Hiroshima	21	58.2	22	3.1
JP Hofu	21	58.2	22	3.1
JP Hyakuri	21	58.4	22	3.4
JP Iejima	21	58.2	22	2.8
JP Iki	21	58.1	22	3.0
JP Iruma	21	58.4	22	3.3
JP Ishigaki	21	58.1	22	2.6
JP Iwakuni	21	58.2	22	3.1
JP Iwojima	21	58.6	22	3.2
JP Izumo	21	58.2	22	3.1
JP Kadena	21	58.2	22	2.8
JP Kagoshima	21	58.2	22	3.0
JP Kanazawa	21	58.3	22	3.2
JP Kanoya	21	58.2	22	3.0
JP Kisarazu	21	58.4	22	3.3
JP Kitadaito	21	58.3	22	2.9
JP Kitakyushu	21	58.1	22	3.0
JP Kochi	21	58.2	22	3.1
JP Kohnan	21	58.2	22	3.1
JP Kumamoto	21	58.2	22	3.0
JP Kumejima	21	58.1	22	2.7
JP Matsumoto	21	58.3	22	3.3
JP Matsushima	21	58.4	22	3.4
JP Matsuyama	21	58.2	22	3.1
JP Memanbetsu	21	58.5	22	3.6
JP Miho	21	58.2	22	3.1
JP Minami Daito	21	58.3	22	2.9
JP Minami Tori Shima	21	59.1	22	3.8
JP Misawa	21	58.4	22	3.5
JP Miyake Jima	21	58.4	22	3.3
JP Miyako	21	58.1	22	2.7
JP Miyazaki	21	58.2	22	3.0
JP Monbetsu	21	58.4	22	3.5
JP Nagasaki	21	58.1	22	3.0
JP Nagoya	21	58.3	22	3.2
JP Naha	21	58.2	22	2.8
JP Nakashibetsu	21	58.5	22	3.6
JP Nanki-Shirahama	21	58.3	22	3.2
JP Nyutabaru	21	58.2	22	3.0
JP Obihiro	21	58.4	22	3.5
JP Oita	21	58.2	22	3.1
JP Okayama	21	58.2	22	3.1
JP Oki Island	21	58.2	22	3.1
JP Okierabu	21	58.2	22	2.8
JP Osaka	21	58.3	22	3.2
JP Oshima	21	58.4	22	3.3
JP Ozuki	21	58.1	22	3.0
JP Rishiri Island	21	58.4	22	3.5

Location	D h m	R h m
JP Sapporo	21 58.4	22 3.5
JP Sendai	21 58.4	22 3.4
JP Shimofusa	21 58.4	22 3.4
JP Shimojishima	21 58.1	22 2.7
JP Shonai	21 58.4	22 3.4
JP Takamatsu	21 58.2	22 3.1
JP Tanegashima	21 58.2	22 3.0
JP Tateyama	21 58.4	22 3.3
JP Tokachi	21 58.4	22 3.5
JP Tokunoshima	21 58.2	22 2.9
JP Tokushima	21 58.2	22 3.2
JP Tokyo	21 58.4	22 3.4
JP Tottori	21 58.2	22 3.2
JP Toyama	21 58.3	22 3.3
JP Tsuiki	21 58.2	22 3.0
JP Tsushima	21 58.1	22 3.0
JP Wakkanai	21 58.4	22 3.5
JP Yaizu	21 58.4	22 3.3
JP Yakushima	21 58.2	22 3.0
JP Yamagata	21 58.4	22 3.4
JP Yamaguchi	21 58.2	22 3.0
JP Yokota	21 58.4	22 3.3
JP Yonaguni Jima	21 58.1	22 2.6
JP Yoron	21 58.2	22 2.8
JP Zama	21 58.4	22 3.3
KH Battambang	21 58.0	22 1.7
KH Kompong Chnang	21 58.1	22 1.7
KH Phnom-Penh	21 58.1	22 1.7
KH Siem-Reap	21 58.0	22 1.8
KH Stung Treng	21 58.1	22 1.8
KI Kiritimati	22 1.5	22 6.0
KI Tabiteuea North	22 0.9	22 4.4
KI Tarawa	22 0.7	22 4.4
KR Busan	21 58.1	22 3.0
KR Cheju	21 58.0	22 2.9
KR Chinhae	21 58.1	22 3.0
KR Chongju	21 58.0	22 3.0
KR Chunchon	21 58.0	22 3.0
KR Jhunju	21 58.0	22 3.0
KR Kangnung	21 58.1	22 3.0
KR Kimhae	21 58.1	22 3.0
KR Kunsan	21 58.0	22 2.9
KR Kwangju	21 58.0	22 2.9
KR Kyungju	21 58.1	22 3.0
KR Mokpo	21 58.0	22 2.9
KR Osan	21 58.0	22 3.0
KR Pohang	21 58.1	22 3.0
KR Pyongtaek	21 58.0	22 3.0
KR Pyongyang	21 58.0	22 3.0
KR Sachon	21 58.1	22 3.0
KR Seoul	21 58.0	22 3.0
KR Seoul East	21 58.0	22 3.0
KR Sokch'O	21 58.1	22 3.0

Location	D		R	
	h	m	h	m
KR Suwon	21	58.0	22	3.0
KR Taegu	21	58.1	22	3.0
KR Ulsan	21	58.1	22	3.0
KR Wonju	21	58.0	22	3.0
KR Yangku	21	58.1	22	3.0
KR Yechon	21	58.1	22	3.0
KR Yeosu	21	58.0	22	2.9
KY Georgetown	21	57.5	22	1.8
KZ Alma-Ata	21	57.4	22	2.4
LA Bane Houei Say	21	57.7	22	1.9
LA Luang Prabang	21	57.7	22	2.0
LA Pakse	21	58.0	22	1.9
LA Phong Savanh	21	57.8	22	2.0
LA Savannakhet	21	57.9	22	1.9
LA Vientiane	21	57.8	22	1.9
LK Anuradhapura	21	57.9	22	1.4
LK Batticaloa	21	57.9	22	1.4
LK Colombo	..	....	22	1.4
LK Galoya	21	57.9	22	1.4
LK Jaffna	21	57.8	22	1.5
LK Trinciomalee	21	57.9	22	1.5
LK Wirawila	21	58.0	22	1.4
MH Eniwetok Island	21	59.9	22	4.0
MH Kwajalein	22	0.2	22	4.2
MH Majuro	22	0.4	22	4.4
MM Bagan	21	57.6	22	1.9
MM Banmaw	21	57.5	22	2.0
MM Coco Island	21	57.8	22	1.7
MM Dawei	21	57.9	22	1.7
MM Heho	21	57.6	22	1.9
MM Hpa-An	21	57.7	22	1.8
MM Kalay	21	57.5	22	2.0
MM Kawthoung	21	58.1	22	1.6
MM Kengtung	21	57.6	22	2.0
MM Kyaukpyu	21	57.6	22	1.8
MM Lanywa	21	57.6	22	1.9
MM Lashio	21	57.6	22	2.0
MM Loikaw	21	57.6	22	1.9
MM Mandalay	21	57.6	22	1.9
MM Mawlamyine	21	57.8	22	1.8
MM Momeik	21	57.5	22	2.0
MM Mong Hsat	21	57.7	22	1.9
MM Myeik	21	58.0	22	1.7
MM Myitkyina	21	57.5	22	2.1
MM Nampong	21	57.5	22	2.1
MM Namsang	21	57.6	22	1.9
MM Pathein	21	57.7	22	1.8
MM Putao	21	57.5	22	2.1
MM Pyay	21	57.6	22	1.8
MM Shante	21	57.6	22	1.9
MM Sittwe	21	57.6	22	1.9
MM Tachilek	21	57.7	22	1.9
MM Taungoo	21	57.7	22	1.9

Location	D		R	
	h	m	h	m
MM Thandwe	21	57.6	22	1.8
MM Yangon	21	57.7	22	1.8
MN Ulan Bator	21	57.7	22	2.8
MO MacAu	21	57.9	22	2.3
MX Acapulco	22	1.9	22	7.0
MX Aguascalientes	22	1.8	22	6.9
MX Bahias Dehuatulco	22	1.9	..	....
MX Celaya	22	1.8	22	6.9
MX Chihuahua	22	1.6	22	6.6
MX Chilpancingo	22	1.9	22	7.0
MX Ciudad Juarez	22	1.5	22	6.5
MX Ciudad Mante	22	1.8	22	6.8
MX Ciudad Obregon	22	1.6	22	6.7
MX Ciudad Victoria	22	1.8	22	6.8
MX Colima	22	1.9	22	6.9
MX Cuernavaca	22	1.9	22	6.9
MX Culiacan	22	1.7	22	6.8
MX Del Bajio	22	1.8	22	6.9
MX Durango	22	1.7	22	6.8
MX Ensenada	22	1.4	22	6.5
MX Guadalajara	22	1.8	22	6.9
MX Guaymas	22	1.6	22	6.6
MX Hermosillo	22	1.6	22	6.6
MX Jalapa	22	1.9	22	6.9
MX La Paz	22	1.7	22	6.8
MX Lazard Cardenas	22	1.9	22	7.0
MX Loreto	22	1.7	22	6.7
MX Los Mochis	22	1.7	22	6.7
MX Manzanillo	22	1.9	22	6.9
MX Matamoros	22	1.7	22	6.7
MX Mazatlan	22	1.8	22	6.8
MX Mexicali	22	1.4	22	6.4
MX Mexico City	22	1.9	22	6.9
MX Monclova	22	1.7	22	6.7
MX Monterrey	22	1.7	22	6.7
MX Morelia	22	1.9	22	6.9
MX Nogales	22	1.5	22	6.5
MX Nuevo Casas Grandes	22	1.6	22	6.6
MX Nuevo Laredo	22	1.7	22	6.7
MX Oaxaca	22	1.9	22	7.0
MX Pachuca	22	1.8	22	6.9
MX Piedras Negras	22	1.6	22	6.6
MX Poza Rico	22	1.8	22	6.9
MX Puebla	22	1.9	22	6.9
MX Puerto Escondido	22	1.9	22	7.0
MX Puerto Vallarta	22	1.8	22	6.9
MX Punta Penasco	22	1.5	22	6.5
MX Queretaro	22	1.8	22	6.9
MX Reynosa	22	1.7	22	6.7
MX Saltillo	22	1.7	22	6.7
MX San Filipe	22	1.5	22	6.5
MX San Jose Del Cabo	22	1.7	22	6.8
MX San Luis Potosi	22	1.8	22	6.8

Location	D		R	
	h	m	h	m
MX Tampico	22	1.8	22	6.8
MX Tamuin	22	1.8	22	6.8
MX Tehuacan	22	1.9	22	6.9
MX Tepic	22	1.8	22	6.9
MX Tijuana	22	1.4	22	6.4
MX Tlaxcala	22	1.9	22	6.9
MX Toluca	22	1.9	22	6.9
MX Torreon	22	1.7	22	6.7
MX Tuxpan	22	1.9	22	6.9
MX Uruapan	22	1.9	22	6.9
MX Vera Cruz	22	1.9	..	....
MX Zacatecas	22	1.8	22	6.8
MX Zamora	22	1.9	22	6.9
MX Zapopan	22	1.8	22	6.9
MX Zihuatanejo	22	1.9	22	7.0
MY Alor Setar	21	58.3	22	1.4
MY Bintulu	21	58.9	22	1.5
MY Butterworth	21	58.4	22	1.4
MY Ipoh	21	58.5	22	1.3
MY Johor Bahru	21	58.8	22	1.2
MY Kerteh	21	58.5	22	1.4
MY Kluang	21	58.7	22	1.2
MY Kota Bahru	21	58.4	22	1.4
MY Kota Kinabalu	21	58.7	22	1.7
MY Kuala Lumpur	21	58.6	22	1.2
MY Kuala Terengganu	21	58.5	22	1.4
MY Kuantan	21	58.6	22	1.3
MY Kuching	21	59.0	22	1.3
MY Labuan	21	58.8	22	1.7
MY Lahad Datu	21	58.9	22	1.7
MY Malacca	21	58.7	22	1.2
MY Marudi	21	58.8	22	1.6
MY Miri	21	58.8	22	1.6
MY Penang	21	58.4	22	1.4
MY Pulau	21	58.3	22	1.4
MY Pulau Pioman	21	58.7	22	1.3
MY Sibu	21	58.9	22	1.4
MY Simpang	21	58.6	22	1.2
MY Tawau	21	58.9	22	1.7
NO Svalbard	21	59.0	22	3.6
NP Bhairawa	21	57.3	22	2.0
NP Biratnagar	21	57.4	22	2.0
NP Chandragarhi	21	57.4	22	2.0
NP Janakpur	21	57.4	22	2.0
NP Kathmandu	21	57.3	22	2.0
NP Nepalgunj	21	57.3	22	2.0
NP Pokhara	21	57.3	22	2.1
NP Simara	21	57.3	22	2.0
PG Goroka	22	0.7	22	2.1
PG Madang	22	0.6	22	2.3
PG Mount Hagen	22	0.7	22	2.1
PG Nadzab	22	0.8	22	2.2
PG Wewak	22	0.4	22	2.3

Location	D		R	
	h	m	h	m
PH Bacolod	21	58.6	22	2.1
PH Bagabag	21	58.3	22	2.3
PH Baguio	21	58.3	22	2.3
PH Basco	21	58.2	22	2.4
PH Calbayog	21	58.6	22	2.3
PH Catarman	21	58.6	22	2.3
PH Cauayan	21	58.3	22	2.3
PH Cebu	21	58.9	22	2.0
PH Cubi Nas	21	59.0	22	2.0
PH Daet	21	58.5	22	2.3
PH Dumaguete	21	58.7	22	2.1
PH Floridablanca	21	58.3	22	2.2
PH Guiuan	21	58.7	22	2.3
PH Iba	21	58.3	22	2.2
PH Iloilo	21	58.6	22	2.1
PH Jose Panganiban	21	58.4	22	2.3
PH Kalibo	21	58.6	22	2.2
PH Ladag	21	58.8	22	2.1
PH Legazpi	21	58.8	22	2.0
PH Lingayen	21	58.3	22	2.3
PH Lipa	21	58.4	22	2.2
PH Mamburao	21	58.4	22	2.2
PH Manila	21	58.4	22	2.2
PH Marinduque	21	58.5	22	2.2
PH Masbate	21	58.7	22	2.2
PH Naga	21	58.5	22	2.3
PH Ormoc	21	58.7	22	2.2
PH Puerto Princesa	21	58.6	22	2.0
PH Romblon	21	59.0	22	2.0
PH Roxas	21	58.6	22	2.2
PH San Fernando	21	58.3	22	2.3
PH San Jose	21	58.6	22	2.1
PH Sangley Point	21	58.8	22	2.2
PH Tacloban	21	58.7	22	2.2
PH Tuguegarao	21	58.3	22	2.4
PH Vigan	21	58.2	22	2.3
PH Virac	21	58.5	22	2.3
PH Zamboanga	21	58.8	22	2.0
PK Gilgit	21	57.3	22	2.3
PK Islamabad	..	....	22	2.2
PK Lahore	..	....	22	2.1
PK Lahore	..	....	22	2.2
PK Mangla	..	....	22	2.2
PK Muzaffarabad	..	....	22	2.2
PK Qasim	..	....	22	2.2
PK Rawala Kot	..	....	22	2.2
PK Skardu	21	57.3	22	2.2
PW Babelthuap	21	59.2	22	2.5
RU Abakan	21	57.6	22	2.7
RU Aldan	21	57.4	22	2.3
RU Anadyr	21	59.3	22	4.2
RU Balkhash	21	57.4	22	2.5
RU Barnaul	21	57.6	22	2.7

Location	D		R	
	h	m	h	m
RU Bishkek	21	57.4	22	2.4
RU Blagoveschensk	21	58.1	22	3.2
RU Bratsk	21	57.8	22	2.9
RU Chita	21	57.8	22	2.9
RU Dzhezkazgan	..	....	22	2.6
RU Irkutsk	21	57.7	22	2.8
RU Kemorovo	21	57.7	22	2.7
RU Khabarovsk	21	58.2	22	3.3
RU Kurgan	21	57.7	22	2.8
RU Magadan	21	58.7	22	3.8
RU Nizhnevartovsk	21	57.8	22	2.9
RU Okha	21	58.5	22	3.6
RU Omsk	21	57.7	22	2.7
RU Osh	21	57.3	22	2.4
RU Penza	21	57.5	22	2.2
RU Petropavlovsk	21	58.9	22	4.0
RU Pevek	21	59.2	22	4.1
RU Polyarny	21	58.2	22	3.2
RU Provideniya Bay	21	59.2	22	4.2
RU Salekhard	21	58.1	22	3.0
RU Semiplatinsk	21	57.5	22	2.6
RU Surgut	21	57.9	22	2.9
RU Tobolsk	21	57.4	22	2.3
RU Tselinograd	21	57.5	22	2.6
RU Ulan-Ude	21	57.7	22	2.9
RU Vladivostok	21	58.1	22	3.2
RU Yakutsk	21	58.3	22	3.4
RU Yuzhno-Sakhalinsk	21	58.4	22	3.5
SG Paya Lebar	21	58.8	22	1.2
SG Sembawang	21	58.8	22	1.2
SG Singapore	21	58.8	22	1.2
SG Tengah	21	58.8	22	1.2
TH Bangkok	21	57.9	22	1.7
TH Chiang Rai	21	57.7	22	1.9
TH Krbi	21	58.2	22	1.5
TH Lampang	21	57.7	22	1.9
TH Loei	21	57.8	22	1.9
TH Lop Buri	21	57.9	22	1.8
TH Nakhon Pathom	21	57.9	22	1.7
TH Nakhon Ratchasima	21	57.9	22	1.8
TH Nakhon Sawan	21	57.8	22	1.8
TH Nakhon Si Thammarat	21	58.2	22	1.5
TH Narathiwat	21	58.4	22	1.4
TH Pattani	21	58.3	22	1.4
TH Phetchabun	21	57.8	22	1.8
TH Phitsanulok	21	57.8	22	1.8
TH Phrae	21	57.7	22	1.9
TH Phuket	21	58.2	22	1.5
TH Prachin Buri	21	58.0	22	1.8
TH Prachuap Khiri Khan	21	58.0	22	1.7
TH Ranong	21	58.1	22	1.5
TH Rayong	21	58.0	22	1.7
TH Sakon Nakhon	21	57.9	22	1.9

Location	D h	m	R h	m
TH Songkhla	21	58.3	22	1.4
TH Songkhla	21	58.3	22	1.5
TH Surat Thani	21	58.1	22	1.6
TH Surin	21	57.9	22	1.8
TH Tak	21	57.8	22	1.8
TH Trang	21	58.2	22	1.5
TH Udon Thani	21	57.8	22	1.9
TH Uttaradit	21	57.8	22	1.9
TH Ya La	21	58.3	22	1.4
TO Ha'Apai	22	2.7	22	3.9
TO Tongatapu	22	3.2	22	3.4
TO Vava'U	22	2.5	22	4.1
TV Funafuti	22	1.5	22	4.4
TW Chiayi	21	58.0	22	2.5
TW Chingchuakang	21	58.0	22	2.5
TW Chinmen	21	58.0	22	2.5
TW Chung	21	58.0	22	2.5
TW Fengnin	21	58.1	22	2.5
TW Green Island	21	58.1	22	2.5
TW Hsinchu	21	58.0	22	2.5
TW Hualien	21	58.1	22	2.5
TW Kaohsiung	21	58.1	22	2.5
TW Lanyu	21	58.1	22	2.5
TW Longtang	21	58.0	22	2.5
TW Makung	21	58.0	22	2.5
TW Matsu	21	58.0	22	2.5
TW Pingtung	21	58.1	22	2.5
TW Pingtung	21	58.1	22	2.5
TW Tainan	21	58.1	22	2.5
TW Taipei	21	58.0	22	2.5
TW Taipei	21	58.0	22	2.6
TW Taitung	21	58.1	22	2.5
TW Taoyuan	21	58.0	22	2.5
TW Tsoying	21	58.1	22	2.5
TW Wang An	21	58.0	22	2.5
US Abilene TX	22	1.5	22	6.5
US Alamoordo NM	22	1.5	22	6.5
US Alexandria VA	22	1.5	..	....
US Alice TX	22	1.7	22	6.6
US Altus OK	22	1.5	22	6.4
US Amarillo TX	22	1.4	22	6.3
US Anchorage AK	22	0.0	22	4.8
US Ardmore OK	22	1.5	22	6.4
US Austin TX	22	1.6	22	6.5
US Bakersfield CA	22	1.3	22	6.3
US Barter Island AK	21	59.9	22	4.5
US Baudette MN	22	1.0	22	5.7
US Beaumont TX	22	1.6	22	6.5
US Belleville IL	22	1.3	..	....
US Bellingham WA	22	0.8	22	5.7
US Boise ID	22	1.1	22	5.9
US Brownsville TX	22	1.7	22	6.7
US Bryan TX	22	1.6	22	6.5

Location	D h	D m	R h	R m
US Buckley CO	22	1.3	22	6.1
US Burbank CA	22	1.4	22	6.4
US Calexico CA	22	1.4	22	6.4
US Carlsbad NM	22	1.5	22	6.5
US Casper WY	22	1.2	22	6.0
US Cedar City UT	22	1.3	22	6.2
US Cheyenne WY	22	1.3	22	6.1
US Chico CA	22	1.1	22	6.1
US Childress TX	22	1.5	22	6.4
US China CA	22	1.3	22	6.3
US Clear Mews AK	21	59.9	22	4.7
US Clovis NM	22	1.5	22	6.4
US College Station TX	22	1.6	22	6.5
US Colorado Springs CO	22	1.3	22	6.2
US Conroe TX	22	1.6	22	6.5
US Corpus Christi TX	22	1.6	22	6.6
US Cotulla TX	22	1.6	22	6.6
US Dalhart TX	22	1.4	22	6.3
US Dallas TX	22	1.5	22	6.4
US Deadhorse AK	21	59.8	22	4.5
US Del Rio TX	22	1.6	22	6.6
US Delta Junction AK	22	0.0	22	4.8
US Denver CO	22	1.3	22	6.1
US Deridder LA	22	1.6	22	6.5
US Des Moines IA	22	1.2	22	6.0
US Duluth MN	22	1.1	22	5.7
US Durango CO	22	1.4	22	6.3
US Eagle Pass TX	22	1.6	22	6.6
US Edwards Afb CA	22	1.3	22	6.3
US El Centro CA	22	1.4	22	6.4
US El Dorado KS	22	1.5	22	6.4
US El Paso TX	22	1.5	22	6.5
US Enid OK	22	1.4	22	6.3
US Fairbanks AK	21	59.9	22	4.7
US Fairfield CA	22	1.2	22	6.2
US Fallon NV	22	1.2	22	6.1
US Farmington NM	22	1.4	22	6.3
US Fort Carson CO	22	1.3	22	6.2
US Fort Dodge IA	22	1.2	22	6.0
US Fort Hood TX	22	1.6	22	6.5
US Fort Huachuca AZ	22	1.5	22	6.5
US Fort Irwin CA	22	1.3	22	6.3
US Fort Leavenworth KS	22	1.3	22	6.1
US Fort Leonardwood MO	22	1.4	22	6.2
US Fort Lewis VA	22	0.9	22	5.7
US Fort Polk LA	22	1.5	22	6.5
US Fort Richardson AK	22	0.0	22	4.8
US Fort Riley KS	22	1.3	22	6.1
US Fort Sill OK	22	1.5	22	6.3
US Fort Smith AR	22	1.4	22	6.3
US Fort Worth TX	22	1.5	22	6.4
US Fort Worth TX	22	1.5	22	6.4
US Fort Yukon AK	21	59.9	22	4.7

Location	D		R	
	h	m	h	m
US Fresno CA	22	1.3	22	6.2
US Gage OK	22	1.4	22	6.3
US Galena TX	22	1.6	22	6.6
US Garden City CA	22	1.4	22	6.2
US Grand Forks ND	22	1.0	22	5.7
US Grandview MO	22	1.3	22	6.1
US Grants CA	22	1.4	22	6.4
US Great Falls MT	22	1.0	22	5.8
US Green Bay WI	22	1.1	..	....
US Greenvile TX	22	1.5	22	6.4
US Gwinn MI	22	1.1	..	....
US Harlingen TX	22	1.7	22	6.7
US Harrison AR	22	1.4	22	6.2
US Havre MT	22	1.0	22	5.7
US Hawthorne CA	22	1.4	22	6.4
US Helena MT	22	1.0	22	5.8
US Hibbing MN	22	1.1	22	5.7
US Hilo HI	22	1.0	22	6.0
US Hobart OK	22	1.5	22	6.3
US Hobbs NM	22	1.5	22	6.5
US Honolulu HI	22	0.8	22	5.9
US Houston TX	22	1.6	22	6.5
US Huron SD	22	1.2	22	5.9
US Imperial CA	22	1.4	22	6.4
US Indian Springs CA	22	1.3	22	6.3
US Intl Falls MN	22	1.0	22	5.7
US Jonesboro AR	22	1.4	..	....
US Juneau AK	22	0.4	22	5.1
US Kahului HI	22	0.9	22	5.9
US Kamuela HI	22	0.9	22	6.0
US Kaneohe Bay HI	22	0.8	22	5.9
US Kansas City MO	22	1.3	22	6.1
US Killeen TX	22	1.6	22	6.5
US King Salmon HI	21	59.9	22	4.8
US Kingsville TX	22	1.7	22	6.6
US Kirtland NM	22	1.4	22	6.4
US Knobnoster MO	22	1.3	22	6.1
US Kodiak AK	22	0.0	22	4.9
US Kona HI	22	0.9	22	6.0
US Lahania-Kapalua HI	22	0.9	22	5.9
US Lake Charles LA	22	1.6	..	....
US Lanai HI	22	0.9	22	5.9
US Laredo TX	22	1.7	22	6.6
US Las Vegas NV	22	1.3	22	6.3
US Lemoore CA	22	1.3	22	6.3
US Lincoln NE	22	1.3	22	6.1
US Little Rock AR	22	1.4	22	6.3
US Lompoc CA	22	1.3	22	6.3
US Long Beach CA	22	1.4	22	6.4
US Longview TX	22	1.5	22	6.4
US Los Angeles CA	22	1.4	22	6.4
US Lubbock TX	22	1.5	22	6.4
US Lufkin TX	22	1.5	22	6.5

Location	D		R	
	h	m	h	m
US Madison WI	22	1.2	22	5.9
US Marquette IL	22	1.1	22	5.7
US McAlester OK	22	1.5	22	6.3
US McAllen TX	22	1.7	22	6.7
US Midland TX	22	1.5	22	6.5
US Milwaukee WI	22	1.2	..	....
US Mineral Wells TX	22	1.5	22	6.4
US Minneapolis MN	22	1.1	22	5.8
US Minot ND	22	1.0	22	5.7
US Miramar CA	22	1.4	22	6.4
US Modesto CA	22	1.2	22	6.2
US Monroe LA	22	1.5	..	....
US Mountain Home CA	22	1.1	22	6.0
US Mountain View CA	22	1.2	22	6.2
US Muskogee OK	22	1.4	22	6.3
US Nogales AZ	22	1.5	22	6.5
US Oakland CA	22	1.2	22	6.2
US Ogden UT	22	1.2	22	6.1
US Oklahoma City OK	22	1.4	22	6.3
US Omaha NE	22	1.3	22	6.0
US Ontario CA	22	1.4	22	6.4
US Palacios TX	22	1.6	22	6.6
US Palm Springs CA	22	1.4	22	6.4
US Palmdale CA	22	1.3	22	6.3
US Pembina ND	22	1.0	22	5.7
US Phoenix AZ	22	1.4	22	6.4
US Pine Bluff AR	22	1.5	..	....
US Point Mugu CA	22	1.4	22	6.4
US Ponca City OK	22	1.4	22	6.2
US Port Angeles CA	22	0.9	22	5.7
US Portland OR	22	1.0	22	5.8
US Prescott AZ	22	1.4	22	6.4
US Princeton MN	22	1.1	22	5.8
US Pueblo NM	22	1.3	22	6.2
US Rancho Murieta CA	22	1.2	22	6.2
US Rapid City SD	22	1.2	22	5.9
US Red River ND	22	1.0	22	5.7
US Reno NV	22	1.2	22	6.1
US Riverside CA	22	1.4	22	6.4
US Robinson AR	22	1.4	22	6.3
US Roswell NM	22	1.5	22	6.4
US Sacramento CA	22	1.2	22	6.1
US Salt Lake City UT	22	1.2	22	6.1
US San Angelo CA	22	1.6	22	6.5
US San Antonio TX	22	1.6	22	6.6
US San Diego CA	22	1.4	22	6.4
US San Francisco CA	22	1.2	22	6.2
US San Jose CA	22	1.2	22	6.2
US San Luis CA	22	0.9	22	5.8
US Santa Ana CA	22	1.4	22	6.4
US Santa Fe NM	22	1.4	22	6.3
US Seattle WA	22	0.9	22	5.7
US Shreveport LA	22	1.5	22	6.4

Location	D h	D m	R h	R m
US Sioux City IA	22	1.2	22	6.0
US Sitka AK	22	0.4	22	5.2
US Skagway AK	22	0.3	22	5.1
US Spokane WA	22	0.9	22	5.7
US St. Louis MO	22	1.3	..	....
US Stockton CA	22	1.2	22	6.2
US Tacoma WA	22	0.9	22	5.7
US Texarkana AR	22	1.5	22	6.4
US Tonopah NV	22	1.3	22	6.2
US Topeka KS	22	1.3	22	6.1
US Tucson AZ	22	1.5	22	6.5
US Tucumcari NM	22	1.4	22	6.3
US Tulsa OK	22	1.4	22	6.3
US Tustin CA	22	1.4	22	6.4
US Twenty Nine Palms CA	22	1.4	22	6.4
US Tyler TX	22	1.5	22	6.4
US Victorville CA	22	1.4	22	6.3
US Waco TX	22	1.5	22	6.5
US Wendover UT	22	1.2	22	6.1
US West Chicago IL	22	1.2	..	....
US Whidbey Island WA	22	0.9	22	5.7
US White Sands NM	22	1.5	22	6.5
US Wichita Falls TX	22	1.5	22	6.4
US Wichita KS	22	1.4	22	6.2
US Williston ND	22	1.0	22	5.7
US Wink TX	22	1.5	22	6.5
US Yuma AZ	22	1.4	22	6.4
US Zuni Pueblo NM	22	1.4	22	6.4
VN Danang	21	58.0	22	1.9
VN Hanoi	21	57.8	22	2.1
VN Ho Chi Minh City	21	58.2	22	1.7
VN Nhatrang	21	58.2	22	1.8
WS Faleolo	22	2.1	22	4.6
WS Pago Pago	22	2.1	22	4.7

© Dati ottenuti con il programma WinOccult
© Table made with Software WinOccult

OCCULTAZIONI
PIANETI-STELLE
OCCULTATIONS
PLANETS-STARS
2000-2100

```
GG MM AAAA : data nel formato giorno/mese/anno
HH MM : ore e minuti
ELONG : elongazione in gradi dal Sole dei corpi
MAG : magnitudine del pianeta
MAGS : magnitudine della stella
T : durata in secondi
PIANETI : corpi coinvolti : MErcurio, VEnere, MArte, GIove,
          SAturno, URano, NEttuno
```

Stelle fino alla mag 6

```
GG MM AAAA : date in the format dd/mm/yyyy
HH MM : hours and minutes
ELONG : elongation in ° from the Sun of the bodies
MAG : magnitude of the planet
MAGS : magnitude of the star
T : duration in seconds
PIANETI : planets : MErcury, VEnus, MArs, GI (Jupiter),
                    SAturn, URanus, NEptune
STELLA : star
```

Stars up to magnitude 6

```
GG MM AAAA    HH MM   ELONG    MAG   MAGS     T    PIANETA STELLA

18 12 2000     5 14      4    -0.8   4.1     55    ME              OPH
 9  4 2003     5 52     17    -0.6   5.7     36    ME              ARI
31  5 2005    11 54      4    -1.9   5.6     36    ME              TAU
12  1 2006     6 18      6    -1.4   5.0   2268    VE              SGR
24  2 2006     8 27     18    -0.4   5.9    160    ME              PSC
13  2 2008    23  0     42    -1.8   4.8   2704    GI    Nu1       SGR
26  2 2008    18 10     26    -3.8   5.8    187    VE              CAP
 8  3 2009     1 29     19    -0.3   4.3     66    ME    Iota      AQR
 1  4 2009    23 57     11    -2.6   5.7    389    VE              PSC
 3  8 2009    23 57    168    -2.8   5.9   6726    GI              CAP
22  2 2011    18  9      3    -1.3   5.4     64    ME              AQR
10  1 2012     5 32     17    -0.4   5.0     78    ME              SGR
 5  6 2013     9 27     18    -3.9   5.8    202    VE              GEM
14  7 2013     7 13      8     2.5   6.0    437    ME
31  7 2013    14 19     26     1.5   5.7     82    MA
16  4 2014    18  7     45    -4.1   3.7    409    VE    Lambda    AQR
18 10 2015    19 28     40     1.6   4.6    159    MA    Chi       LEO
11 12 2016     7 46     21    -0.3   5.8     76    ME
 9 12 2017     5 36      7    -3.9   4.5    157    VE    Omega     OPH
 2  4 2021     9 24     49    -2.0   5.9   4183    GI              CAP
26 10 2021    14 47     47    -4.4   5.0    512    VE              OPH
29  5 2025    23  6      1    -2.0   5.3     54    ME    Kappa2    TAU
14  1 2027    12 35      8    -1.1   5.8     70    ME              CAP
13  5 2027     8  0     24    -3.8   4.3    141    VE    Omicron   PSC
24  7 2028    16 38     45    -4.4   4.9    782    VE              TAU
15  8 2028     3 29     46    -4.2   4.1    433    VE    Nu        GEM
 5 11 2031     5 24     23    -0.1   5.8    123    ME
 2 12 2031     0 56      5     2.6   4.4    156    ME    Nu        SCO
24 12 2031    17 28     38    -3.9   5.6    246    VE    Zeta1     LIB
 7  4 2032     6 19     60     0.4   5.9   4765    SA              TAU
29  5 2032     1 55      1    -3.9   5.5     12    VE              TAU
18  1 2033    11  6      4    -1.1   5.8     22    ME              CAP
31  1 2034    10 38      7    -3.9   4.3    174    VE    Iota      CAP
17  2 2035    15 21     42    -4.0   2.9    122    VE    Pi        SGR
12  3 2035     4 55     72     0.8   5.8    204    MA
14  9 2038     1  7      3    -1.5   4.0     62    ME    Sigma     LEO
18 11 2038    15 59      8    -3.9   4.3    173    VE    Omega2    SCO
23  7 2040    19 59     19    -0.3   5.3    113    ME              GEM
20  9 2042     4 43     36    -4.6   5.0   3272    VE              VIR
 1 10 2044    22  2     39    -3.9   1.4    291    VE    Alpha     LEO
11 11 2044     0 18     30    -3.9   4.4    236    VE    Theta     VIR
23  2 2046    19 33     45    -4.6   3.9    724    VE    Rho1      SGR
 7  2 2048    13 56     28    -3.9   5.6    199    VE              SGR
15  3 2048     5 12     19    -3.9   4.8    185    VE    Sigma     AQR
23  1 2049     5 19     45    -4.6   5.6    789    VE
17  7 2049     0 32      9    -1.8   6.0   2352    GI              GEM
20 12 2049     1 33     15     0.3   4.8    392    ME    Nu1       SGR
10  6 2050    10  6     11    -1.2   6.0     51    ME
 6  3 2051    23 15     38    -3.9   5.1    262    VE    Upsilon   CAP
24  9 2051     7 24      4    -1.1   5.9     61    ME              VIR
 6  3 2052     1 31     12     1.1   4.5    435    ME    Lambda    PSC
10 11 2052     7 20      3     3.8   2.7    126    ME    Alpha2    LIB
26  6 2054    12 50     67     0.6   4.3    199    MA    Omicron   PSC
```

GG	MM	AAAA	HH	MM	ELONG	MAG	MAGS	T	PIANETA	STELLA
10	1	2055	21	14	18	-0.2	5.1	386	ME	Upsilon	CAP
24	2	2055	7	29	32	-3.9	5.8	135	VE		PSC
18	1	2056	5	45	21	0.1	4.6	813	ME		SGR
7	5	2058	20	16	31	-3.8	5.5	217	VE		TAU
29	5	2058	7	30	1	-2.0	4.2	24	ME	Kappa1	TAU
17	11	2058	12	9	3	3.6	4.7	173	ME	Kappa	LIB
18	11	2058	2	12	2	4.8	5.4	78	ME		LIB
23	2	2061	7	56	27	0.2	5.1	106	ME	Upsilon	CAP
8	12	2062	16	49	15	-3.9	5.4	169	VE		SGR
14	9	2063	0	48	86	0.0	5.9	339	MA		
17	1	2066	23	1	5	-1.1	5.8	68	ME		CAP
25	5	2067	6	1	18	-3.8	5.5	159	VE	Sigma	ARI
7	4	2068	1	8	43	-4.6	5.6	642	VE		TAU
22	12	2068	19	14	27	1.4	4.3	82	MA	Omega2	SCO
4	5	2069	20	8	14	-3.9	5.7	196	VE		TAU
14	11	2070	4	11	9	-3.9	5.0	125	VE	Lambda	LIB
28	5	2072	10	36	2	-3.9	5.7	188	VE		
31	7	2073	3	12	35	-3.8	5.9	272	VE		
23	4	2074	23	39	12	-1.3	5.3	47	ME	Pi	ARI
15	11	2075	13	27	28	-3.8	5.1	191	VE	Omicron	OPH
27	8	2076	1	27	43	-4.0	6.0	384	VE		GEM
6	11	2077	7	57	44	-4.7	4.6	625	VE		SGR
22	5	2078	6	27	3	-1.9	5.7	54	ME		TAU
30	9	2078	5	47	2	-3.9	3.9	172	VE	Eta	VIR
3	10	2078	22	2	71	0.5	3.2	230	MA	Theta	OPH
10	11	2078	22	21	9	-3.9	5.4	130	VE		LIB
15	5	2079	20	14	14	1.4	5.3	129	MA	Kappa2	TAU
25	5	2079	18	37	45	-4.4	5.0	671	VE		GEM
8	6	2079	11	53	8	1.5	5.4	129	MA		TAU
3	8	2079	1	45	12	-2.6	5.1	1610	VE		CNC
14	1	2082	3	2	9	1.5	6.0	140	ME		
28	4	2082	13	5	31	-3.8	4.3	223	VE	Upsilon	TAU
1	5	2082	5	25	7	2.9	5.8	491	ME	Rho2	ARI
10	5	2083	6	26	26	0.5	4.9	181	ME	Mu	PSC
15	12	2085	12	21	7	-1.9	5.8	2344	VE		
15	1	2086	23	31	7	-1.1	5.8	70	ME		CAP
7	6	2086	15	43	58	0.7	5.5	180	MA		PSC
1	12	2086	15	19	15	-3.9	4.8	192	VE		OPH
1	4	2087	16	13	14	-0.7	5.9	38	ME		PSC
10	4	2087	10	27	42	-4.0	5.6	352	VE		TAU
26	12	2088	7	14	16	0.1	5.6	496	ME		SGR
28	9	2089	2	37	20	-3.9	4.6	198	VE	Chi	LEO
30	4	2092	0	29	12	-1.1	4.3	15	ME	Omicron	PSC
8	10	2093	14	30	47	-4.4	5.4	591	VE		
9	1	2094	15	51	31	-4.6	6.0	9818	VE		
7	12	2094	2	45	17	-3.9	6.0	145	VE		SGR
30	12	2095	11	11	33	-3.9	4.4	166	VE	Nu	SCO
1	1	2096	19	45	33	-3.9	4.5	171	VE	Psi	OPH
3	3	2097	17	39	10	-2.3	4.4	1508	VE	Zeta2	AQR
3	3	2097	17	41	10	-2.3	4.1	1241	VE	Zeta1	AQR
17	1	2099	11	1	6	-1.1	5.8	66	ME		CAP
10	12	2099	17	23	35	-3.9	5.9	261	VE		

OCCULTAZIONI
PIANETI MESSIER M44-M45
OCCULTATIONS
PLANETS M44-M45
2000-10000

```
GG MM AAAA : data nel formato giorno/mese/anno
HH MM : ore e minuti
ELONG : elongazione in gradi dal Sole dei corpi
MAG : magnitudine del pianeta
MAGO : magnitudine dell'oggetto
T : durata in secondi
PIANETI : corpi coinvolti : MErcurio, VEnere, MArte, GIove,
                            SAturno, URano, NEttuno
```

```
GG MM AAAA : date in the format dd/mm/yyyy
HH MM : hours and minutes
ELONG : elongation in ° from the Sun of the bodies
MAG : magnitude of the planet
MAGO : magnitude of the object
T : duration in seconds
PIANETI : planets : MErcury, VEnus, MArs, GI (Jupiter),
                    SAturn, URanus, Neptune
OGGETTO : object
```

GG	MM	AAAA	HH	MM	ELONG	MAG	MAGO	T	PIANETA	OGGETTO
2	8	2001	21	8	4	-1.8	3.7	58	ME	M44
9	7	2096	18	1	20	-0.2	3.7	49	ME	M44
11	7	2142	17	11	20	-0.3	3.7	82	ME	M44
4	8	2172	6	58	3	-1.8	3.7	36	ME	M44
11	7	2188	16	31	20	-0.3	3.7	58	ME	M44
9	7	2208	11	2	23	-3.8	3.7	178	VE	M44
11	7	2467	14	42	24	-3.8	3.7	82	VE	M44
12	4	2514	1	30	45	-4.5	1.6	194	VE	M45
24	6	2768	23	4	44	-4.5	3.7	840	VE	M44
11	8	2856	22	5	2	-1.8	3.7	38	ME	M44
15	8	3027	7	51	2	-1.8	3.7	57	ME	M44
16	8	3198	17	35	2	-1.8	3.7	12	ME	M44
18	7	3244	2	59	27	-3.8	3.7	146	VE	M44
18	8	3323	3	3	2	-1.8	3.7	17	ME	M44
3	7	3457	4	22	45	-4.4	3.7	685	VE	M44
19	8	3494	12	48	2	-1.8	3.7	33	ME	M44
22	7	3503	7	29	29	-3.8	3.7	139	VE	M44
6	8	3568	5	0	14	-0.8	3.7	52	ME	M44
7	8	3614	4	55	14	-0.8	3.7	67	ME	M44
20	8	3619	22	12	2	-1.8	3.7	57	ME	M44
7	8	3660	4	47	14	-0.9	3.7	56	ME	M44
5	7	3684	2	55	45	-4.3	3.7	499	VE	M44
21	8	3744	7	38	2	-1.8	3.7	54	ME	M44
20	11	3745	6	49	87	0.4	3.7	288	MA	M44
22	7	3778	16	21	31	-3.8	3.7	163	VE	M44
22	8	3869	17	6	3	-1.7	3.7	57	ME	M44
24	8	3994	2	30	3	-1.7	3.7	40	ME	M44
15	8	3995	18	26	11	-1.1	3.7	56	ME	M44
15	8	4041	18	27	11	-1.1	3.7	50	ME	M44
24	7	4053	2	16	33	-3.8	3.7	229	VE	M44
23	8	4073	11	38	4	-1.7	3.7	57	ME	M44
24	11	4108	1	14	85	0.5	3.7	344	MA	M44
19	8	4146	9	5	9	-1.3	3.7	32	ME	M44
23	8	4152	20	55	5	-1.6	3.7	57	ME	M44
19	8	4192	9	18	9	-1.3	3.7	48	ME	M44
23	8	4218	14	57	7	-1.5	3.7	9	ME	M44
25	8	4231	6	8	6	-1.6	3.7	38	ME	M44
23	8	4251	0	14	8	-1.4	3.7	50	ME	M44
23	8	4264	15	12	7	-1.5	3.7	40	ME	M44
26	7	4336	3	56	35	-3.8	3.7	175	VE	M44
25	7	4344	18	40	35	-3.9	3.7	247	VE	M44
27	11	4471	21	3	84	0.5	3.7	349	MA	M44
2	6	4482	21	42	21	-3.8	1.6	3857	VE	M45
19	7	4536	2	3	44	-4.1	3.7	405	VE	M44
12	5	4677	5	41	45	-4.5	1.6	919	VE	M45
1	12	4834	19	8	83	0.5	3.7	271	MA	M44
1	6	4929	17	27	95	0.6	3.7	288	MA	M44
29	5	5884	18	27	44	-4.6	1.6	855	VE	M45
3	6	6127	13	15	43	-4.6	1.6	985	VE	M45
7	6	6370	9	44	43	-4.6	1.6	922	VE	M45
11	6	6613	8	39	42	-4.6	1.6	1213	VE	M45
27	2	7893	21	34	163	-2.2	1.6	1642	MA	M45
13	1	8307	6	6	77	0.6	3.7	208	MA	M44

```
GG MM AAAA   HH MM  ELONG   MAG   MAGO    T    PIANETA  OGGETTO

16  6 8480   22 12   128   -0.5   3.7   2349     MA      M44
25  2 9108    8 29   173   -2.6   1.6   1536     MA      M45
25  1 9317    3 31    76    0.6   3.7    227     MA      M44
```

OCCULTAZIONI LUNA-STELLE
OCCULTATIONS MOON-STARS
2000-2100

GG MM AAAA : data nel formato giorno/mese/anno
HH MM : ore e minuti
ELONG : elongazione in gradi dal Sole dei corpi
MAGL : magnitudine della Luna
MAGS : magnitudine della stella
T : durata in secondi
PIANETI : corpi coinvolti : MErcurio, VEnere, MArte, GIove,
 SAturno, URano, NEttuno

La luna non è indicata in quanto è presente in tutte le occultazioni di questa tabella

Stelle fino alla mag 2

GG MM AAAA : date in the format dd/mm/yyyy
HH MM : hours and minutes
ELONG : elongation in ° from the Sun of the bodies
MAGL : magnitude of the Moon
MAGS : magnitude of the star
T : duration in seconds
PIANETI : planets : MErcury, VEnus, MArs, GI (Jupiter),
 SAturn, URanus, NEptune
STELLA : star

The Moon isn't indicated in the table because it is always present

Stars up to magnitude 2

```
GG MM AAAA    HH MM  ELONG   MAGL   MAGS    T     STELLA

17  1 2000    19 22   133   -12.1   1.0   1219   Aldebaran
14  2 2000     2 53   105   -11.4   1.0    841   Aldebaran
 7  1 2005    20  3    38    -9.3   1.1    574   Antares
 4  2 2005     5 16    66   -10.4   1.1   1840   Antares
18  2 2005     2 29   113   -11.4   1.7   1448   Elnath
 3  3 2005    11 49    93   -11.0   1.1   2495   Antares
17  3 2005    10  8    86   -10.7   1.7   2351   Elnath
30  3 2005    17 12   120   -11.7   1.1   2728   Antares
13  4 2005    18 38    59   -10.0   1.7   2529   Elnath
26  4 2005    23 38   147   -12.3   1.1   2692   Antares
11  5 2005     3  1    32    -8.7   1.7   2350   Elnath
24  5 2005     8  9   172   -12.7   1.1   2593   Antares
 7  6 2005    10 26     7    -5.5   1.7   2111   Elnath
20  6 2005    18 14   160   -12.6   1.1   2640   Antares
 4  7 2005    16 40    21    -7.7   1.7   2210   Elnath
18  7 2005     4 23   134   -12.0   1.1   2883   Antares
31  7 2005    22 21    46    -9.4   1.7   2662   Elnath
14  8 2005    13  7   108   -11.3   1.1   3157   Antares
28  8 2005     4 29    72   -10.3   1.7   3070   Elnath
 7  9 2005     6 44    39    -9.1   1.1   1018   Spica
10  9 2005    19 46    82   -10.7   1.1   3312   Antares
24  9 2005    11 56    99   -11.0   1.7   3234   Elnath
 4 10 2005    12 45    13    -6.7   1.1   1255   Spica
 8 10 2005     1 12    55    -9.9   1.1   3334   Antares
21 10 2005    20 43   126   -11.7   1.7   3194   Elnath
31 10 2005    20 19    15    -7.1   1.1   1251   Spica
 4 11 2005     7 18    28    -8.6   1.1   3273   Antares
18 11 2005     5 54   153   -12.4   1.7   3041   Elnath
28 11 2005     5 21    42    -9.4   1.1   1750   Spica
 1 12 2005    15 36     4    -4.5   1.1   3210   Antares
15 12 2005    14 10   175   -12.6   1.7   2942   Elnath
25 12 2005    14 37    70   -10.4   1.1   2549   Spica
29 12 2005     1 48    28    -8.6   1.1   3247   Antares
11  1 2006    20 48   151   -12.3   1.7   3077   Elnath
21  1 2006    22 44    98   -11.0   1.1   3145   Spica
25  1 2006    12  7    56   -10.0   1.1   3340   Antares
 8  2 2006     2 25   123   -11.7   1.7   3313   Elnath
18  2 2006     5 16   125   -11.7   1.1   3394   Spica
21  2 2006    20 41    83   -10.8   1.1   3368   Antares
 7  3 2006     8 38    96   -11.0   1.7   3417   Elnath
17  3 2006    11  5   153   -12.3   1.1   3428   Spica
21  3 2006     3  5   110   -11.4   1.1   3357   Antares
 3  4 2006    16 35    69   -10.3   1.7   3384   Elnath
13  4 2006    17 22   178   -12.6   1.1   3398   Spica
17  4 2006     8 36   137   -12.0   1.1   3369   Antares
 1  5 2006     1 56    42    -9.4   1.7   3286   Elnath
11  5 2006     0 42   154   -12.3   1.1   3415   Spica
14  5 2006    14 57   163   -12.5   1.1   3369   Antares
28  5 2006    11 19    16    -7.3   1.7   3183   Elnath
 7  6 2006     8 54   127   -11.7   1.1   3502   Spica
10  6 2006    22 54   169   -12.6   1.1   3350   Antares
24  6 2006    19 26    12    -6.6   1.7   3181   Elnath
 4  7 2006    17 15   101   -11.0   1.1   3531   Spica
```

GG	MM	AAAA	HH	MM	ELONG	MAGL	MAGS	T	STELLA
8	7	2006	8	7	144	-12.2	1.1	3322	Antares
22	7	2006	1	53	37	-9.0	1.7	3297	Elnath
1	8	2006	0	57	75	-10.4	1.1	3415	Spica
4	8	2006	17	27	118	-11.5	1.1	3239	Antares
18	8	2006	7	23	63	-10.1	1.7	3401	Elnath
28	8	2006	7	38	49	-9.5	1.1	3270	Spica
1	9	2006	1	41	91	-10.9	1.1	3128	Antares
14	9	2006	13	24	89	-10.8	1.7	3409	Elnath
24	9	2006	13	37	23	-7.9	1.1	3242	Spica
28	9	2006	8	15	65	-10.2	1.1	3130	Antares
11	10	2006	21	15	116	-11.5	1.7	3345	Elnath
21	10	2006	19	42	5	-4.7	1.1	3264	Spica
25	10	2006	13	49	38	-9.1	1.1	3243	Antares
8	11	2006	7	1	143	-12.2	1.7	3233	Elnath
18	11	2006	2	36	32	-8.7	1.1	3185	Spica
21	11	2006	19	57	12	-6.6	1.1	3311	Antares
5	12	2006	17	23	170	-12.7	1.7	3138	Elnath
15	12	2006	10	28	59	-10.0	1.1	2830	Spica
19	12	2006	3	43	18	-7.5	1.1	3282	Antares
2	1	2007	2	25	161	-12.6	1.7	3177	Elnath
7	1	2007	6	22	137	-12.0	1.4	1164	Regulus
11	1	2007	18	46	87	-10.8	1.1	1980	Spica
15	1	2007	12	52	45	-9.5	1.1	3146	Antares
29	1	2007	9	10	133	-12.0	1.7	3302	Elnath
3	2	2007	14	37	164	-12.5	1.4	1786	Regulus
8	2	2007	2	43	115	-11.4	1.1	197	Spica
11	2	2007	22	4	73	-10.4	1.1	2929	Antares
25	2	2007	14	36	106	-11.3	1.7	3362	Elnath
2	3	2007	21	36	168	-12.5	1.4	1743	Regulus
11	3	2007	6	2	100	-11.1	1.1	2852	Antares
24	3	2007	20	53	79	-10.7	1.7	3321	Elnath
30	3	2007	3	31	141	-12.0	1.4	1801	Regulus
7	4	2007	12	30	127	-11.7	1.1	3023	Antares
21	4	2007	5	20	52	-9.9	1.7	3201	Elnath
26	4	2007	9	26	114	-11.4	1.4	2339	Regulus
4	5	2007	18	16	154	-12.3	1.1	3214	Antares
18	5	2007	15	25	26	-8.4	1.7	3051	Elnath
23	5	2007	16	26	88	-10.7	1.4	2944	Regulus
1	6	2007	0	27	175	-12.5	1.1	3271	Antares
15	6	2007	1	34	5	-4.8	1.7	2991	Elnath
20	6	2007	0	43	62	-10.0	1.4	3278	Regulus
28	6	2007	7	41	153	-12.3	1.1	3194	Antares
12	7	2007	10	15	27	-8.5	1.7	3072	Elnath
17	7	2007	9	35	36	-8.9	1.4	3382	Regulus
25	7	2007	15	53	127	-11.7	1.1	3005	Antares
8	8	2007	16	54	53	-9.9	1.7	3193	Elnath
13	8	2007	17	58	9	-6.1	1.4	3401	Regulus
22	8	2007	0	21	101	-11.0	1.1	2834	Antares
4	9	2007	22	21	79	-10.7	1.7	3234	Elnath
10	9	2007	1	5	17	-7.4	1.4	3416	Regulus
18	9	2007	8	11	75	-10.4	1.1	2901	Antares
2	10	2007	4	24	106	-11.3	1.7	3143	Elnath
7	10	2007	6	58	44	-9.4	1.4	3461	Regulus

```
GG MM AAAA    HH MM   ELONG    MAGL   MAGS     T    STELLA

15 10 2007    14 54     48     -9.5    1.1   3156   Antares
29 10 2007    12 43    133    -12.0    1.7   2916   Elnath
 3 11 2007    12 38     71    -10.4    1.4   3491   Regulus
11 11 2007    20 51     21     -7.8    1.1   3339   Antares
25 11 2007    23 20    160    -12.7    1.7   2676   Elnath
30 11 2007    19 36     98    -11.1    1.4   3347   Regulus
 9 12 2007     2 59      8     -5.8    1.1   3365   Antares
23 12 2007    10 31    170    -12.8    1.7   2628   Elnath
28 12 2007     4 34    126    -11.8    1.4   3038   Regulus
 5  1 2008    10  2     35     -8.9    1.1   3263   Antares
19  1 2008    19 59    143    -12.3    1.7   2774   Elnath
24  1 2008    14 37    154    -12.4    1.4   2827   Regulus
 1  2 2008    18  2     62    -10.1    1.1   3104   Antares
16  2 2008     2 44    116    -11.6    1.7   2895   Elnath
20  2 2008    23 55    178    -12.7    1.4   2817   Regulus
29  2 2008     2 22     90    -10.8    1.1   3099   Antares
14  3 2008     8  6     89    -10.9    1.7   2813   Elnath
19  3 2008     7 14    151    -12.3    1.4   2806   Regulus
27  3 2008    10 12    117    -11.4    1.1   3293   Antares
10  4 2008    14 29     62    -10.2    1.7   2477   Elnath
15  4 2008    12 54    124    -11.7    1.4   2539   Regulus
23  4 2008    17  8    144    -12.0    1.1   3467   Antares
 7  5 2008    23 11     35     -9.1    1.7   2003   Elnath
12  5 2008    18 33     97    -11.0    1.4   1735   Regulus
20  5 2008    23 19    169    -12.5    1.1   3526   Antares
 4  6 2008     9 39     10     -6.3    1.7   1694   Elnath
17  6 2008     5 21    163    -12.4    1.1   3517   Antares
 1  7 2008    20 11     18     -7.7    1.7   1748   Elnath
14  7 2008    11 52    137    -11.9    1.1   3462   Antares
29  7 2008     5 11     44     -9.5    1.7   1935   Elnath
10  8 2008    19 11    111    -11.2    1.1   3420   Antares
25  8 2008    11 58     70    -10.4    1.7   1912   Elnath
 7  9 2008     3  8     85    -10.6    1.1   3475   Antares
21  9 2008    17 22     96    -11.1    1.7   1368   Elnath
 4 10 2008    11  6     58     -9.9    1.1   3562   Antares
31 10 2008    18 30     31     -8.6    1.1   3565   Antares
28 11 2008     1  5      6     -5.0    1.1   3540   Antares
25 12 2008     7 10     24     -8.1    1.1   3564   Antares
21  1 2009    13 28     52     -9.7    1.1   3588   Antares
17  2 2009    20 42     79    -10.6    1.1   3582   Antares
17  3 2009     4 53    107    -11.2    1.1   3508   Antares
13  4 2009    13 19    134    -11.9    1.1   3311   Antares
10  5 2009    21  7    160    -12.4    1.1   3106   Antares
 7  6 2009     3 50    172    -12.5    1.1   3077   Antares
 4  7 2009     9 45    147    -12.1    1.1   3176   Antares
31  7 2009    15 42    121    -11.5    1.1   3219   Antares
27  8 2009    22 32     95    -10.9    1.1   3071   Antares
24  9 2009     6 36     69    -10.3    1.1   2624   Antares
21 10 2009    15 25     42     -9.3    1.1   1867   Antares
17 11 2009    23 57     14     -7.1    1.1   1116   Antares
15 12 2009     7 13     14     -7.0    1.1   1115   Antares
11  1 2010    13 11     41     -9.3    1.1   1414   Antares
 7  2 2010    18 58     69    -10.3    1.1   1049   Antares
```

GG	MM	AAAA	HH	MM	ELONG	MAGL	MAGS	T	STELLA
25	7	2012	16	24	81	-10.7	1.1	1193	Spica
21	8	2012	21	52	55	-10.0	1.1	2167	Spica
18	9	2012	4	59	29	-8.6	1.1	2550	Spica
15	10	2012	14	33	3	-3.9	1.1	2620	Spica
12	11	2012	1	36	26	-8.5	1.1	2582	Spica
9	12	2012	12	0	54	-10.0	1.1	2655	Spica
5	1	2013	19	55	82	-10.8	1.1	2948	Spica
2	2	2013	1	35	109	-11.4	1.1	3230	Spica
1	3	2013	7	14	137	-12.1	1.1	3303	Spica
28	3	2013	14	49	164	-12.6	1.1	3266	Spica
25	4	2013	0	30	169	-12.7	1.1	3246	Spica
22	5	2013	10	55	142	-12.2	1.1	3269	Spica
18	6	2013	20	20	116	-11.5	1.1	3310	Spica
16	7	2013	3	45	90	-10.9	1.1	3261	Spica
12	8	2013	9	26	64	-10.2	1.1	3010	Spica
8	9	2013	14	56	38	-9.1	1.1	2677	Spica
5	10	2013	21	57	11	-6.6	1.1	2523	Spica
2	11	2013	7	8	16	-7.4	1.1	2541	Spica
29	11	2013	17	30	44	-9.5	1.1	2462	Spica
27	12	2013	3	5	72	-10.5	1.1	1910	Spica
29	1	2015	17	19	120	-11.6	1.0	587	Aldebaran
25	2	2015	23	16	93	-11.0	1.0	2028	Aldebaran
25	3	2015	7	9	66	-10.3	1.0	2360	Aldebaran
21	4	2015	16	48	39	-9.2	1.0	2265	Aldebaran
19	5	2015	2	44	13	-6.9	1.0	2033	Aldebaran
15	6	2015	11	23	15	-7.1	1.0	2013	Aldebaran
12	7	2015	18	9	40	-9.2	1.0	2365	Aldebaran
8	8	2015	23	38	66	-10.3	1.0	2792	Aldebaran
5	9	2015	5	27	92	-11.0	1.0	3017	Aldebaran
2	10	2015	13	9	119	-11.6	1.0	3013	Aldebaran
29	10	2015	23	2	146	-12.3	1.0	2871	Aldebaran
26	11	2015	9	49	172	-12.7	1.0	2736	Aldebaran
23	12	2015	19	25	158	-12.6	1.0	2800	Aldebaran
20	1	2016	2	34	130	-11.9	1.0	3039	Aldebaran
16	2	2016	8	1	103	-11.3	1.0	3214	Aldebaran
14	3	2016	14	5	76	-10.6	1.0	3223	Aldebaran
10	4	2016	22	24	49	-9.8	1.0	3121	Aldebaran
8	5	2016	8	38	22	-8.1	1.0	2989	Aldebaran
4	6	2016	19	9	7	-5.5	1.0	2945	Aldebaran
2	7	2016	4	15	31	-8.8	1.0	3046	Aldebaran
29	7	2016	11	13	57	-10.0	1.0	3191	Aldebaran
25	8	2016	16	43	83	-10.8	1.0	3261	Aldebaran
21	9	2016	22	35	109	-11.4	1.0	3226	Aldebaran
19	10	2016	6	37	136	-12.1	1.0	3105	Aldebaran
15	11	2016	17	7	163	-12.7	1.0	2970	Aldebaran
13	12	2016	4	31	167	-12.8	1.0	2959	Aldebaran
18	12	2016	18	10	117	-11.6	1.4	2003	Regulus
9	1	2017	14	27	140	-12.3	1.0	3086	Aldebaran
15	1	2017	4	9	145	-12.3	1.4	2528	Regulus
5	2	2017	21	36	113	-11.5	1.0	3210	Aldebaran
11	2	2017	14	8	173	-12.7	1.4	2613	Regulus
5	3	2017	3	0	85	-10.9	1.0	3229	Aldebaran
10	3	2017	22	24	160	-12.5	1.4	2610	Regulus

GG	MM	AAAA	HH	MM	ELONG	MAGL	MAGS	T	STELLA
1	4	2017	9	9	58	-10.1	1.0	3125	Aldebaran
7	4	2017	4	35	133	-11.9	1.4	2782	Regulus
28	4	2017	17	36	32	-8.9	1.0	2948	Aldebaran
4	5	2017	10	0	106	-11.2	1.4	3105	Regulus
26	5	2017	3	58	7	-5.6	1.0	2840	Aldebaran
31	5	2017	16	27	80	-10.6	1.4	3309	Regulus
22	6	2017	14	38	22	-8.1	1.0	2891	Aldebaran
28	6	2017	0	50	54	-9.9	1.4	3322	Regulus
19	7	2017	23	55	48	-9.7	1.0	3026	Aldebaran
25	7	2017	10	40	27	-8.5	1.4	3279	Regulus
16	8	2017	6	58	74	-10.5	1.0	3117	Aldebaran
21	8	2017	20	32	1	-1.8	1.4	3275	Regulus
12	9	2017	12	28	100	-11.2	1.0	3078	Aldebaran
18	9	2017	5	0	25	-8.3	1.4	3305	Regulus
9	10	2017	18	21	126	-11.9	1.0	2868	Aldebaran
15	10	2017	11	26	52	-9.8	1.4	3309	Regulus
6	11	2017	2	31	153	-12.5	1.0	2587	Aldebaran
11	11	2017	16	46	79	-10.7	1.4	3147	Regulus
3	12	2017	13	12	175	-12.8	1.0	2475	Aldebaran
8	12	2017	23	11	107	-11.4	1.4	2745	Regulus
31	12	2017	0	37	150	-12.5	1.0	2600	Aldebaran
5	1	2018	8	13	135	-12.1	1.4	2347	Regulus
27	1	2018	10	23	122	-11.8	1.0	2757	Aldebaran
1	2	2018	19	14	163	-12.7	1.4	2231	Regulus
23	2	2018	17	21	95	-11.1	1.0	2732	Aldebaran
1	3	2018	5	59	169	-12.7	1.4	2247	Regulus
22	3	2018	22	44	68	-10.4	1.0	2400	Aldebaran
28	3	2018	14	31	142	-12.2	1.4	2051	Regulus
19	4	2018	4	52	41	-9.4	1.0	1811	Aldebaran
24	4	2018	20	40	115	-11.5	1.4	1168	Regulus
16	5	2018	13	8	15	-7.2	1.0	1324	Aldebaran
12	6	2018	23	11	13	-6.9	1.0	1361	Aldebaran
10	7	2018	9	34	38	-9.2	1.0	1637	Aldebaran
6	8	2018	18	41	64	-10.3	1.0	1672	Aldebaran
3	9	2018	1	38	91	-10.9	1.0	1008	Aldebaran
25	8	2023	2	31	98	-11.1	1.1	1809	Antares
7	9	2023	15	21	82	-10.6	1.7	1652	Elnath
21	9	2023	8	49	72	-10.4	1.1	2390	Antares
4	10	2023	23	10	108	-11.3	1.7	2234	Elnath
18	10	2023	14	14	45	-9.5	1.1	2510	Antares
1	11	2023	8	26	136	-12.0	1.7	2228	Elnath
14	11	2023	20	39	18	-7.6	1.1	2389	Antares
28	11	2023	17	57	163	-12.5	1.7	1951	Elnath
12	12	2023	5	13	10	-6.4	1.1	2346	Antares
26	12	2023	2	11	168	-12.6	1.7	1855	Elnath
8	1	2024	15	18	38	-9.2	1.1	2623	Antares
22	1	2024	8	34	141	-12.1	1.7	2286	Elnath
5	2	2024	1	5	66	-10.3	1.1	3038	Antares
18	2	2024	14	3	113	-11.4	1.7	2821	Elnath
3	3	2024	9	3	93	-11.0	1.1	3307	Antares
16	3	2024	20	32	86	-10.8	1.7	3078	Elnath
30	3	2024	15	10	120	-11.6	1.1	3384	Antares
13	4	2024	4	59	59	-10.1	1.7	3075	Elnath

```
GG MM AAAA   HH MM  ELONG   MAGL   MAGS    T     STELLA

26  4 2024   20 47   147   -12.2   1.1   3341   Antares
10  5 2024   14 44    33    -8.8   1.7   2942   Elnath
24  5 2024    3 20   172   -12.6   1.1   3268   Antares
 7  6 2024    0 14     8    -5.7   1.7   2823   Elnath
16  6 2024   19 16   118   -11.4   1.1   1474   Spica
20  6 2024   11 20   160   -12.4   1.1   3278   Antares
 4  7 2024    8 14    20    -7.8   1.7   2879   Elnath
14  7 2024    3 21    92   -10.8   1.1   2550   Spica
17  7 2024   20 21   134   -11.9   1.1   3383   Antares
31  7 2024   14 28    46    -9.5   1.7   3094   Elnath
10  8 2024   10 53    66   -10.1   1.1   3088   Spica
14  8 2024    5 18   108   -11.3   1.1   3467   Antares
27  8 2024   19 54    72   -10.4   1.7   3272   Elnath
 6  9 2024   17 34    40    -9.1   1.1   3274   Spica
10  9 2024   13  6    82   -10.6   1.1   3482   Antares
24  9 2024    2 10    99   -11.1   1.7   3305   Elnath
 3 10 2024   23 39    13    -6.7   1.1   3277   Spica
 7 10 2024   19 26    55    -9.8   1.1   3491   Antares
21 10 2024   10 35   125   -11.8   1.7   3228   Elnath
31 10 2024    5 49    14    -6.9   1.1   3262   Spica
 4 11 2024    1  5    28    -8.5   1.1   3499   Antares
17 11 2024   20 54   153   -12.5   1.7   3103   Elnath
27 11 2024   12 40    42    -9.2   1.1   3380   Spica
 1 12 2024    7 27     5    -4.6   1.1   3482   Antares
15 12 2024    7 28   175   -12.8   1.7   3038   Elnath
24 12 2024   20 22    69   -10.3   1.1   3559   Spica
28 12 2024   15 16    28    -8.5   1.1   3469   Antares
11  1 2025   16 15   151   -12.4   1.7   3133   Elnath
21  1 2025    4 32    97   -11.0   1.1   3577   Spica
25  1 2025    0 10    55    -9.9   1.1   3415   Antares
 7  2 2025   22 38   123   -11.8   1.7   3282   Elnath
17  2 2025   12 29   125   -11.6   1.1   3467   Spica
21  2 2025    8 54    83   -10.7   1.1   3290   Antares
 7  3 2025    4  1    96   -11.1   1.7   3331   Elnath
16  3 2025   19 42   152   -12.3   1.1   3418   Spica
20  3 2025   16 31   110   -11.3   1.1   3242   Antares
 3  4 2025   10 42    69   -10.4   1.7   3282   Elnath
13  4 2025    2  6   178   -12.5   1.1   3437   Spica
16  4 2025   22 54   137   -11.9   1.1   3331   Antares
30  4 2025   19 39    42    -9.5   1.7   3178   Elnath
10  5 2025    8  9   154   -12.3   1.1   3416   Spica
14  5 2025    4 47   163   -12.4   1.1   3416   Antares
28  5 2025    6  3    17    -7.5   1.7   3077   Elnath
 6  6 2025   14 32   128   -11.7   1.1   3246   Spica
10  6 2025   11  3   169   -12.5   1.1   3420   Antares
24  6 2025   16 11    12    -6.7   1.7   3074   Elnath
 3  7 2025   21 42   102   -11.0   1.1   2805   Spica
 7  7 2025   18 13   144   -12.1   1.1   3332   Antares
22  7 2025    0 37    37    -9.1   1.7   3173   Elnath
26  7 2025   21 28    26    -8.3   1.4    405   Regulus
31  7 2025    5 36    76   -10.4   1.1   2128   Spica
 4  8 2025    2 13   118   -11.4   1.1   3139   Antares
18  8 2025    7  0    63   -10.2   1.7   3270   Elnath
```

```
 GG MM AAAA    HH MM   ELONG    MAGL   MAGS     T    STELLA

 23  8 2025     5 57      2     -2.3   1.4    778    Regulus
 27  8 2025    13 41     50     -9.6   1.1   1592    Spica
 31  8 2025    10 26     92    -10.8   1.1   2962    Antares
 14  9 2025    12 23     89    -10.9   1.7   3289    Elnath
 19  9 2025    12 56     27     -8.4   1.4    479    Regulus
 23  9 2025    21 16     23     -8.0   1.1   1607    Spica
 27  9 2025    18  6     65    -10.1   1.1   3004    Antares
 11 10 2025    18 47    116    -11.6   1.7   3221    Elnath
 16 10 2025    18 39     53     -9.8   1.4   1147    Regulus
 21 10 2025     3 56      5     -4.7   1.1   1758    Spica
 25 10 2025     0 49     39     -9.1   1.1   3207    Antares
  8 11 2025     3 42    143    -12.3   1.7   3078    Elnath
 13 11 2025     0 23     81    -10.7   1.4   2170    Regulus
 17 11 2025     9 55     31     -8.7   1.1   1365    Spica
 21 11 2025     6 54     12     -6.6   1.1   3338    Antares
  5 12 2025    14 45    170    -12.8   1.7   2960    Elnath
 10 12 2025     7 49    108    -11.4   1.4   2860    Regulus
 18 12 2025    13  5     17     -7.4   1.1   3319    Antares
  2  1 2026     1 54    161    -12.7   1.7   2992    Elnath
  6  1 2026    17 23    136    -12.1   1.4   3133    Regulus
 14  1 2026    20  3     45     -9.4   1.1   3140    Antares
 29  1 2026    10 55    133    -12.1   1.7   3125    Elnath
  3  2 2026     3 47    164    -12.6   1.4   3191    Regulus
 11  2 2026     3 52     72    -10.4   1.1   2891    Antares
 25  2 2026    17 16    106    -11.4   1.7   3211    Elnath
  2  3 2026    12 59    168    -12.6   1.4   3205    Regulus
 10  3 2026    12  4    100    -11.0   1.1   2858    Antares
 24  3 2026    22 38     79    -10.7   1.7   3172    Elnath
 29  3 2026    19 59    141    -12.1   1.4   3262    Regulus
  6  4 2026    19 56    127    -11.7   1.1   3082    Antares
 21  4 2026     5 25     52     -9.9   1.7   2998    Elnath
 26  4 2026     1 29    114    -11.5   1.4   3365    Regulus
  4  5 2026     2 58    153    -12.2   1.1   3293    Antares
 18  5 2026    14 32     26     -8.4   1.7   2785    Elnath
 23  5 2026     7 19     88    -10.8   1.4   3372    Regulus
 31  5 2026     9 12    175    -12.5   1.1   3363    Antares
 15  6 2026     1  9      5     -4.8   1.7   2700    Elnath
 19  6 2026    14 56     62    -10.2   1.4   3217    Regulus
 27  6 2026    15 11    154    -12.2   1.1   3301    Antares
 12  7 2026    11 33     28     -8.6   1.7   2789    Elnath
 17  7 2026     0 24     36     -9.1   1.4   3044    Regulus
 24  7 2026    21 37    128    -11.6   1.1   3137    Antares
  8  8 2026    20 12     54     -9.9   1.7   2924    Elnath
 13  8 2026    10 35      9     -6.2   1.4   2988    Regulus
 21  8 2026     4 54    102    -11.0   1.1   3016    Antares
  5  9 2026     2 38     80    -10.7   1.7   2959    Elnath
  9  9 2026    19 52     17     -7.5   1.4   3008    Regulus
 17  9 2026    12 54     76    -10.4   1.1   3112    Antares
  2 10 2026     8  0    106    -11.4   1.7   2792    Elnath
  7 10 2026     3  9     44     -9.5   1.4   2961    Regulus
 14 10 2026    21  4     49     -9.6   1.1   3321    Antares
 29 10 2026    14 29    133    -12.1   1.7   2413    Elnath
  3 11 2026     8 43     71    -10.5   1.4   2653    Regulus
```

GG	MM	AAAA	HH	MM	ELONG	MAGL	MAGS	T	STELLA
11	11	2026	4	39	22	-7.9	1.1	3449	Antares
25	11	2026	23	37	160	-12.7	1.7	2038	Elnath
30	11	2026	14	26	98	-11.2	1.4	1889	Regulus
8	12	2026	11	16	8	-5.7	1.1	3477	Antares
23	12	2026	10	53	170	-12.8	1.7	1985	Elnath
27	12	2026	22	24	126	-11.9	1.4	461	Regulus
4	1	2027	17	15	34	-8.9	1.1	3430	Antares
19	1	2027	22	2	143	-12.3	1.7	2173	Elnath
31	1	2027	23	29	62	-10.1	1.1	3344	Antares
16	2	2027	6	54	115	-11.6	1.7	2248	Elnath
28	2	2027	6	50	89	-10.8	1.1	3353	Antares
15	3	2027	13	6	88	-10.9	1.7	1928	Elnath
27	3	2027	15	18	116	-11.4	1.1	3448	Antares
11	4	2027	18	28	61	-10.2	1.7	852	Elnath
24	4	2027	0	1	143	-12.1	1.1	3491	Antares
21	5	2027	7	55	169	-12.5	1.1	3488	Antares
17	6	2027	14	33	163	-12.4	1.1	3506	Antares
14	7	2027	20	21	138	-11.9	1.1	3524	Antares
11	8	2027	2	17	112	-11.3	1.1	3521	Antares
7	9	2027	9	20	86	-10.7	1.1	3502	Antares
4	10	2027	17	48	59	-10.0	1.1	3410	Antares
1	11	2027	3	2	32	-8.8	1.1	3239	Antares
28	11	2027	11	43	6	-5.1	1.1	3145	Antares
25	12	2027	18	51	24	-8.2	1.1	3212	Antares
22	1	2028	0	36	51	-9.8	1.1	3295	Antares
18	2	2028	6	27	79	-10.6	1.1	3233	Antares
16	3	2028	13	58	106	-11.3	1.1	2941	Antares
12	4	2028	23	13	133	-11.9	1.1	2443	Antares
10	5	2028	8	58	160	-12.5	1.1	1986	Antares
6	6	2028	17	42	173	-12.6	1.1	1885	Antares
4	7	2028	0	42	147	-12.2	1.1	2032	Antares
31	7	2028	6	22	121	-11.6	1.1	2031	Antares
27	8	2028	12	4	95	-11.0	1.1	1520	Antares
12	2	2031	15	6	119	-11.6	1.1	1336	Spica
11	3	2031	21	0	147	-12.3	1.1	2188	Spica
8	4	2031	4	53	173	-12.7	1.1	2376	Spica
5	5	2031	14	34	159	-12.5	1.1	2323	Spica
2	6	2031	0	39	133	-11.9	1.1	2327	Spica
29	6	2031	9	35	107	-11.3	1.1	2602	Spica
26	7	2031	16	34	81	-10.6	1.1	3017	Spica
22	8	2031	22	7	55	-9.9	1.1	3290	Spica
19	9	2031	3	47	28	-8.5	1.1	3359	Spica
16	10	2031	11	6	3	-3.4	1.1	3340	Spica
12	11	2031	20	22	26	-8.4	1.1	3329	Spica
10	12	2031	6	26	54	-9.9	1.1	3379	Spica
6	1	2032	15	26	82	-10.7	1.1	3443	Spica
2	2	2032	22	21	109	-11.3	1.1	3333	Spica
1	3	2032	3	59	137	-12.0	1.1	3050	Spica
28	3	2032	9	59	164	-12.5	1.1	2869	Spica
24	4	2032	17	24	169	-12.6	1.1	2868	Spica
22	5	2032	2	6	143	-12.1	1.1	2853	Spica
18	6	2032	11	7	116	-11.4	1.1	2606	Spica
15	7	2032	19	19	90	-10.8	1.1	1800	Spica

GG	MM	AAAA	HH	MM	ELONG	MAGL	MAGS	T	STELLA
18	8	2033	12	53	76	-10.5	1.0	1193	Aldebaran
14	9	2033	18	57	102	-11.2	1.0	1981	Aldebaran
12	10	2033	3	11	129	-11.9	1.0	2100	Aldebaran
8	11	2033	13	37	156	-12.6	1.0	1901	Aldebaran
6	12	2033	0	35	174	-12.8	1.0	1734	Aldebaran
2	1	2034	9	56	148	-12.4	1.0	1993	Aldebaran
29	1	2034	16	39	120	-11.7	1.0	2504	Aldebaran
25	2	2034	22	0	93	-11.0	1.0	2845	Aldebaran
25	3	2034	4	26	66	-10.4	1.0	2905	Aldebaran
21	4	2034	13	15	39	-9.3	1.0	2786	Aldebaran
18	5	2034	23	47	13	-7.0	1.0	2643	Aldebaran
15	6	2034	10	15	15	-7.2	1.0	2647	Aldebaran
12	7	2034	19	5	40	-9.3	1.0	2840	Aldebaran
9	8	2034	1	43	66	-10.3	1.0	3063	Aldebaran
5	9	2034	7	7	93	-11.0	1.0	3164	Aldebaran
2	10	2034	13	17	119	-11.7	1.0	3122	Aldebaran
29	10	2034	21	52	146	-12.4	1.0	2987	Aldebaran
26	11	2034	8	48	172	-12.8	1.0	2877	Aldebaran
23	12	2034	20	10	158	-12.6	1.0	2928	Aldebaran
20	1	2035	5	37	130	-12.0	1.0	3100	Aldebaran
16	2	2035	12	17	103	-11.3	1.0	3226	Aldebaran
15	3	2035	17	38	75	-10.6	1.0	3233	Aldebaran
12	4	2035	0	8	49	-9.8	1.0	3136	Aldebaran
9	5	2035	8	59	22	-8.1	1.0	3003	Aldebaran
5	6	2035	19	29	7	-5.6	1.0	2956	Aldebaran
11	6	2035	5	43	70	-10.4	1.4	623	Regulus
3	7	2035	5	58	31	-8.8	1.0	3041	Aldebaran
8	7	2035	14	34	44	-9.5	1.4	1908	Regulus
30	7	2035	14	52	57	-10.1	1.0	3170	Aldebaran
5	8	2035	0	45	18	-7.6	1.4	2170	Regulus
26	8	2035	21	32	83	-10.8	1.0	3246	Aldebaran
1	9	2035	10	42	8	-6.0	1.4	2167	Regulus
23	9	2035	2	57	110	-11.4	1.0	3224	Aldebaran
28	9	2035	18	57	35	-9.0	1.4	2232	Regulus
20	10	2035	9	9	136	-12.1	1.0	3088	Aldebaran
26	10	2035	1	6	62	-10.2	1.4	2584	Regulus
16	11	2035	17	48	163	-12.7	1.0	2927	Aldebaran
22	11	2035	6	26	89	-11.0	1.4	3008	Regulus
14	12	2035	4	42	167	-12.8	1.0	2909	Aldebaran
19	12	2035	13	20	117	-11.7	1.4	3200	Regulus
10	1	2036	15	51	140	-12.3	1.0	3038	Aldebaran
15	1	2036	23	1	145	-12.4	1.4	3198	Regulus
7	2	2036	1	0	112	-11.5	1.0	3168	Aldebaran
12	2	2036	10	20	173	-12.8	1.4	3177	Regulus
5	3	2036	7	29	85	-10.8	1.0	3185	Aldebaran
10	3	2036	20	54	159	-12.6	1.4	3202	Regulus
1	4	2036	12	51	58	-10.1	1.0	3032	Aldebaran
7	4	2036	5	1	132	-12.0	1.4	3261	Regulus
28	4	2036	19	17	32	-8.8	1.0	2774	Aldebaran
4	5	2036	10	52	106	-11.3	1.4	3245	Regulus
26	5	2036	3	49	7	-5.5	1.0	2626	Aldebaran
31	5	2036	16	17	79	-10.7	1.4	3046	Regulus
22	6	2036	13	51	22	-8.0	1.0	2697	Aldebaran

GG	MM	AAAA	HH	MM	ELONG	MAGL	MAGS	T	STELLA
27	6	2036	23	16	53	-9.9	1.4	2765	Regulus
19	7	2036	23	56	48	-9.7	1.0	2854	Aldebaran
25	7	2036	8	31	27	-8.6	1.4	2611	Regulus
16	8	2036	8	35	74	-10.5	1.0	2927	Aldebaran
21	8	2036	19	14	2	-2.3	1.4	2602	Regulus
12	9	2036	15	9	100	-11.1	1.0	2787	Aldebaran
18	9	2036	5	40	26	-8.4	1.4	2576	Regulus
9	10	2036	20	34	127	-11.8	1.0	2351	Aldebaran
15	10	2036	14	9	53	-9.9	1.4	2311	Regulus
6	11	2036	2	45	154	-12.4	1.0	1779	Aldebaran
11	11	2036	20	14	80	-10.7	1.4	1436	Regulus
3	12	2036	11	11	175	-12.7	1.0	1583	Aldebaran
30	12	2036	21	31	150	-12.4	1.0	1851	Aldebaran
27	1	2037	7	52	122	-11.7	1.0	2035	Aldebaran
23	2	2037	16	21	95	-11.0	1.0	1721	Aldebaran
28	2	2042	2	17	104	-11.2	1.7	742	Elnath
13	3	2042	20	46	103	-11.2	1.1	1839	Antares
27	3	2042	9	8	76	-10.6	1.7	1882	Elnath
10	4	2042	2	44	130	-11.8	1.1	2158	Antares
23	4	2042	18	6	50	-9.7	1.7	2020	Elnath
7	5	2042	8	29	156	-12.4	1.1	2044	Antares
21	5	2042	4	10	23	-8.1	1.7	1804	Elnath
3	6	2042	15	11	175	-12.6	1.1	1915	Antares
17	6	2042	13	43	5	-5.0	1.7	1621	Elnath
30	6	2042	23	9	151	-12.3	1.1	2162	Antares
14	7	2042	21	32	30	-8.6	1.7	1871	Elnath
28	7	2042	7	55	125	-11.6	1.1	2680	Antares
11	8	2042	3	32	56	-9.9	1.7	2407	Elnath
24	8	2042	16	29	99	-11.0	1.1	3119	Antares
7	9	2042	8	57	82	-10.7	1.7	2814	Elnath
20	9	2042	23	57	72	-10.4	1.1	3334	Antares
4	10	2042	15	35	108	-11.4	1.7	2944	Elnath
18	10	2042	6	9	46	-9.4	1.1	3357	Antares
1	11	2042	0	36	135	-12.1	1.7	2861	Elnath
14	11	2042	11	57	19	-7.6	1.1	3268	Antares
28	11	2042	11	25	163	-12.7	1.7	2701	Elnath
11	12	2042	18	28	10	-6.3	1.1	3226	Antares
25	12	2042	22	1	168	-12.7	1.7	2671	Elnath
4	1	2043	6	7	79	-10.6	1.1	1220	Spica
8	1	2043	2	15	37	-9.1	1.1	3355	Antares
22	1	2043	6	27	141	-12.2	1.7	2876	Elnath
31	1	2043	14	19	107	-11.2	1.1	2544	Spica
4	2	2043	10	50	65	-10.2	1.1	3518	Antares
18	2	2043	12	28	113	-11.5	1.7	3124	Elnath
27	2	2043	22	25	135	-11.9	1.1	2956	Spica
3	3	2043	19	12	93	-10.9	1.1	3571	Antares
17	3	2043	17	55	86	-10.9	1.7	3216	Elnath
27	3	2043	5	45	162	-12.4	1.1	3013	Spica
31	3	2043	2	37	120	-11.5	1.1	3572	Antares
14	4	2043	1	2	59	-10.1	1.7	3162	Elnath
23	4	2043	12	8	171	-12.5	1.1	2990	Spica
27	4	2043	9	1	146	-12.1	1.1	3573	Antares
11	5	2043	10	27	33	-8.9	1.7	3041	Elnath

GG	MM	AAAA	HH	MM	ELONG	MAGL	MAGS	T	STELLA
20	5	2043	18	5	145	-12.1	1.1	3105	Spica
24	5	2043	15	0	172	-12.5	1.1	3560	Antares
7	6	2043	21	4	8	-5.9	1.7	2953	Elnath
17	6	2043	0	23	119	-11.4	1.1	3362	Spica
20	6	2043	21	17	160	-12.4	1.1	3558	Antares
5	7	2043	7	6	21	-7.9	1.7	2995	Elnath
14	7	2043	7	36	93	-10.8	1.1	3538	Spica
18	7	2043	4	20	135	-11.8	1.1	3549	Antares
1	8	2043	15	14	46	-9.6	1.7	3138	Elnath
10	8	2043	15	41	67	-10.2	1.1	3542	Spica
14	8	2043	12	9	109	-11.2	1.1	3465	Antares
28	8	2043	21	20	72	-10.5	1.7	3250	Elnath
7	9	2043	0	0	40	-9.2	1.1	3491	Spica
10	9	2043	20	13	82	-10.6	1.1	3364	Antares
25	9	2043	2	44	99	-11.2	1.7	3263	Elnath
4	10	2043	7	44	14	-6.9	1.1	3484	Spica
8	10	2043	3	51	56	-9.8	1.1	3376	Antares
22	10	2043	9	34	126	-11.9	1.7	3188	Elnath
31	10	2043	14	24	14	-6.9	1.1	3499	Spica
4	11	2043	10	39	29	-8.5	1.1	3463	Antares
18	11	2043	19	4	153	-12.5	1.7	3064	Elnath
27	11	2043	20	15	41	-9.2	1.1	3467	Spica
1	12	2043	16	50	5	-4.6	1.1	3504	Antares
16	12	2043	6	26	175	-12.8	1.7	3000	Elnath
25	12	2043	2	18	69	-10.3	1.1	3245	Spica
28	12	2043	23	1	27	-8.3	1.1	3465	Antares
12	1	2044	17	23	151	-12.5	1.7	3078	Elnath
21	1	2044	9	43	97	-11.0	1.1	2756	Spica
25	1	2044	5	51	55	-9.8	1.1	3298	Antares
9	2	2044	1	53	123	-11.8	1.7	3207	Elnath
17	2	2044	18	37	124	-11.7	1.1	2292	Spica
21	2	2044	13	34	82	-10.6	1.1	3067	Antares
7	3	2044	7	51	96	-11.1	1.7	3268	Elnath
16	3	2044	3	52	152	-12.3	1.1	2204	Spica
19	3	2044	21	49	109	-11.2	1.1	3020	Antares
3	4	2044	13	20	69	-10.4	1.7	3236	Elnath
12	4	2044	12	5	177	-12.6	1.1	2299	Spica
16	4	2044	5	49	136	-11.9	1.1	3177	Antares
30	4	2044	20	31	42	-9.5	1.7	3120	Elnath
5	5	2044	14	35	105	-11.2	1.4	1314	Regulus
9	5	2044	18	41	154	-12.3	1.1	2179	Spica
13	5	2044	12	56	162	-12.4	1.1	3319	Antares
28	5	2044	5	59	16	-7.5	1.7	2998	Elnath
1	6	2044	20	40	79	-10.6	1.4	2327	Regulus
6	6	2044	0	17	128	-11.7	1.1	1451	Spica
9	6	2044	19	10	170	-12.5	1.1	3345	Antares
24	6	2044	16	40	12	-6.7	1.7	2984	Elnath
29	6	2044	4	45	52	-9.9	1.4	2792	Regulus
7	7	2044	1	5	144	-12.0	1.1	3233	Antares
22	7	2044	2	50	37	-9.2	1.7	3082	Elnath
26	7	2044	14	38	26	-8.4	1.4	2939	Regulus
3	8	2044	7	26	119	-11.4	1.1	3000	Antares
18	8	2044	11	5	63	-10.3	1.7	3191	Elnath

GG	MM	AAAA	HH	MM	ELONG	MAGL	MAGS	T	STELLA
23	8	2044	0	59	1	-1.3	1.4	2959	Regulus
30	8	2044	14	46	92	-10.8	1.1	2830	Antares
14	9	2044	17	12	89	-10.9	1.7	3230	Elnath
19	9	2044	10	9	27	-8.5	1.4	2983	Regulus
26	9	2044	22	59	66	-10.2	1.1	2924	Antares
11	10	2044	22	36	116	-11.6	1.7	3149	Elnath
16	10	2044	17	8	54	-9.9	1.4	3107	Regulus
24	10	2044	7	25	39	-9.1	1.1	3150	Antares
8	11	2044	5	31	143	-12.3	1.7	2950	Elnath
12	11	2044	22	32	81	-10.7	1.4	3273	Regulus
20	11	2044	15	10	12	-6.7	1.1	3290	Antares
5	12	2044	15	6	170	-12.8	1.7	2791	Elnath
10	12	2044	4	33	108	-11.4	1.4	3284	Regulus
17	12	2044	21	45	17	-7.4	1.1	3287	Antares
2	1	2045	2	27	161	-12.7	1.7	2827	Elnath
6	1	2045	13	9	136	-12.2	1.4	3150	Regulus
14	1	2045	3	35	44	-9.4	1.1	3137	Antares
29	1	2045	13	12	133	-12.1	1.7	2975	Elnath
3	2	2045	0	8	164	-12.7	1.4	3063	Regulus
10	2	2045	9	48	72	-10.4	1.1	2944	Antares
25	2	2045	21	26	105	-11.3	1.7	3062	Elnath
2	3	2045	11	21	168	-12.7	1.4	3070	Regulus
9	3	2045	17	25	99	-11.1	1.1	2961	Antares
25	3	2045	3	18	78	-10.7	1.7	2969	Elnath
29	3	2045	20	36	141	-12.2	1.4	3080	Regulus
6	4	2045	2	17	126	-11.7	1.1	3154	Antares
21	4	2045	8	48	52	-9.8	1.7	2662	Elnath
26	4	2045	3	13	114	-11.5	1.4	2951	Regulus
3	5	2045	11	15	153	-12.3	1.1	3303	Antares
18	5	2045	15	51	25	-8.4	1.7	2309	Elnath
23	5	2045	8	33	88	-10.9	1.4	2549	Regulus
30	5	2045	19	11	175	-12.6	1.1	3357	Antares
15	6	2045	1	0	5	-4.7	1.7	2192	Elnath
19	6	2045	14	42	62	-10.2	1.4	1932	Regulus
27	6	2045	1	42	154	-12.3	1.1	3338	Antares
12	7	2045	11	19	28	-8.5	1.7	2332	Elnath
16	7	2045	23	3	36	-9.1	1.4	1447	Regulus
24	7	2045	7	21	128	-11.7	1.1	3255	Antares
8	8	2045	21	12	54	-9.9	1.7	2482	Elnath
13	8	2045	9	22	9	-6.3	1.4	1361	Regulus
20	8	2045	13	21	102	-11.1	1.1	3203	Antares
5	9	2045	5	16	80	-10.7	1.7	2415	Elnath
9	9	2045	20	12	17	-7.6	1.4	1341	Regulus
16	9	2045	20	44	76	-10.5	1.1	3267	Antares
2	10	2045	11	18	106	-11.3	1.7	1912	Elnath
7	10	2045	5	40	44	-9.6	1.4	589	Regulus
14	10	2045	5	41	49	-9.7	1.1	3353	Antares
29	10	2045	16	43	133	-12.0	1.7	460	Elnath
10	11	2045	15	18	22	-8.0	1.1	3376	Antares
8	12	2045	0	3	7	-5.7	1.1	3389	Antares
4	1	2046	6	57	34	-8.9	1.1	3416	Antares
31	1	2046	12	31	61	-10.1	1.1	3418	Antares
27	2	2046	18	34	89	-10.9	1.1	3413	Antares

GG	MM	AAAA	HH	MM	ELONG	MAGL	MAGS	T	STELLA
27	3	2046	2	35	116	-11.5	1.1	3362	Antares
23	4	2046	12	18	143	-12.2	1.1	3239	Antares
20	5	2046	22	14	169	-12.6	1.1	3149	Antares
17	6	2046	6	53	164	-12.5	1.1	3177	Antares
14	7	2046	13	39	138	-12.0	1.1	3257	Antares
10	8	2046	19	10	112	-11.4	1.1	3277	Antares
7	9	2046	1	3	86	-10.8	1.1	3159	Antares
4	10	2046	8	47	59	-10.1	1.1	2857	Antares
31	10	2046	18	40	32	-8.9	1.1	2470	Antares
28	11	2046	5	23	6	-5.2	1.1	2270	Antares
25	12	2046	14	53	24	-8.3	1.1	2346	Antares
21	1	2047	21	55	52	-9.9	1.1	2427	Antares
18	2	2047	3	19	79	-10.7	1.1	2197	Antares
17	3	2047	9	27	106	-11.4	1.1	1380	Antares
1	9	2049	10	16	45	-9.4	1.1	1038	Spica
28	9	2049	16	9	19	-7.6	1.1	1837	Spica
25	10	2049	23	42	9	-6.0	1.1	1891	Spica
22	11	2049	8	57	36	-9.0	1.1	1763	Spica
19	12	2049	18	37	64	-10.2	1.1	1992	Spica
16	1	2050	3	3	92	-10.9	1.1	2624	Spica
12	2	2050	9	39	119	-11.5	1.1	3152	Spica
11	3	2050	15	19	147	-12.2	1.1	3365	Spica
7	4	2050	21	31	173	-12.6	1.1	3390	Spica
5	5	2050	4	59	160	-12.4	1.1	3368	Spica
1	6	2050	13	29	133	-11.8	1.1	3393	Spica
28	6	2050	22	8	107	-11.2	1.1	3492	Spica
26	7	2050	6	0	81	-10.6	1.1	3541	Spica
22	8	2050	12	37	55	-9.8	1.1	3424	Spica
18	9	2050	18	26	29	-8.4	1.1	3247	Spica
16	10	2050	0	25	2	-3.0	1.1	3189	Spica
12	11	2050	7	28	26	-8.2	1.1	3208	Spica
9	12	2050	15	37	53	-9.8	1.1	3125	Spica
6	1	2051	0	9	81	-10.6	1.1	2712	Spica
2	2	2051	8	5	109	-11.3	1.1	1604	Spica
7	3	2052	12	21	83	-10.8	1.0	1499	Aldebaran
3	4	2052	19	12	56	-10.0	1.0	1805	Aldebaran
1	5	2052	4	28	29	-8.7	1.0	1661	Aldebaran
28	5	2052	15	11	5	-4.9	1.0	1461	Aldebaran
25	6	2052	1	31	24	-8.3	1.0	1618	Aldebaran
22	7	2052	10	0	50	-9.8	1.0	2109	Aldebaran
18	8	2052	16	19	76	-10.6	1.0	2563	Aldebaran
14	9	2052	21	41	102	-11.2	1.0	2775	Aldebaran
12	10	2052	4	13	129	-11.9	1.0	2741	Aldebaran
8	11	2052	13	21	156	-12.6	1.0	2576	Aldebaran
6	12	2052	0	35	174	-12.8	1.0	2492	Aldebaran
2	1	2053	11	46	148	-12.4	1.0	2656	Aldebaran
29	1	2053	20	40	120	-11.7	1.0	2943	Aldebaran
26	2	2053	2	53	93	-11.0	1.0	3123	Aldebaran
25	3	2053	8	17	65	-10.3	1.0	3128	Aldebaran
21	4	2053	15	9	39	-9.3	1.0	3009	Aldebaran
19	5	2053	0	19	13	-7.0	1.0	2883	Aldebaran
15	6	2053	10	51	15	-7.3	1.0	2888	Aldebaran
12	7	2053	21	5	41	-9.4	1.0	3030	Aldebaran

GG	MM	AAAA	HH	MM	ELONG	MAGL	MAGS	T	STELLA
9	8	2053	5	32	67	-10.3	1.0	3188	Aldebaran
5	9	2053	11	52	93	-11.0	1.0	3264	Aldebaran
2	10	2053	17	15	119	-11.6	1.0	3233	Aldebaran
29	10	2053	23	49	146	-12.3	1.0	3106	Aldebaran
26	11	2053	8	53	172	-12.8	1.0	2995	Aldebaran
23	12	2053	19	52	158	-12.6	1.0	3035	Aldebaran
29	12	2053	4	1	127	-11.9	1.4	707	Regulus
20	1	2054	6	36	130	-12.0	1.0	3178	Aldebaran
25	1	2054	14	16	155	-12.6	1.4	1623	Regulus
16	2	2054	15	6	102	-11.3	1.0	3291	Aldebaran
22	2	2054	1	45	177	-12.8	1.4	1689	Regulus
15	3	2054	21	12	75	-10.6	1.0	3312	Aldebaran
21	3	2054	12	1	150	-12.4	1.4	1705	Regulus
12	4	2054	2	38	48	-9.7	1.0	3214	Aldebaran
17	4	2054	19	40	123	-11.8	1.4	2075	Regulus
9	5	2054	9	22	22	-8.0	1.0	3059	Aldebaran
15	5	2054	1	17	96	-11.1	1.4	2626	Regulus
5	6	2054	18	4	7	-5.5	1.0	3002	Aldebaran
11	6	2054	6	51	70	-10.4	1.4	2988	Regulus
3	7	2054	4	0	31	-8.8	1.0	3089	Aldebaran
8	7	2054	14	14	44	-9.5	1.4	3100	Regulus
30	7	2054	13	44	57	-10.0	1.0	3216	Aldebaran
4	8	2054	23	52	18	-7.6	1.4	3095	Regulus
26	8	2054	21	53	83	-10.7	1.0	3289	Aldebaran
1	9	2054	10	44	9	-6.1	1.4	3088	Regulus
23	9	2054	4	8	110	-11.3	1.0	3243	Aldebaran
28	9	2054	21	0	35	-9.1	1.4	3142	Regulus
20	10	2054	9	35	136	-12.0	1.0	3034	Aldebaran
26	10	2054	5	3	62	-10.3	1.4	3247	Regulus
16	11	2054	16	6	163	-12.6	1.0	2799	Aldebaran
22	11	2054	10	50	90	-11.0	1.4	3249	Regulus
14	12	2054	0	46	167	-12.7	1.0	2780	Aldebaran
19	12	2054	16	21	117	-11.7	1.4	3066	Regulus
10	1	2055	10	57	140	-12.2	1.0	2946	Aldebaran
16	1	2055	0	4	145	-12.4	1.4	2881	Regulus
6	2	2055	20	45	112	-11.5	1.0	3074	Aldebaran
12	2	2055	10	31	173	-12.8	1.4	2834	Regulus
6	3	2055	4	39	85	-10.8	1.0	3009	Aldebaran
11	3	2055	21	57	159	-12.6	1.4	2828	Regulus
2	4	2055	10	40	58	-10.0	1.0	2653	Aldebaran
8	4	2055	8	1	132	-12.0	1.4	2701	Regulus
29	4	2055	16	12	31	-8.7	1.0	2107	Aldebaran
5	5	2055	15	31	105	-11.3	1.4	2246	Regulus
26	5	2055	22	43	7	-5.3	1.0	1803	Aldebaran
1	6	2055	21	6	79	-10.7	1.4	1231	Regulus
23	6	2055	6	43	22	-7.9	1.0	1973	Aldebaran
20	7	2055	15	46	48	-9.6	1.0	2233	Aldebaran
17	8	2055	0	41	74	-10.4	1.0	2222	Aldebaran
13	9	2055	8	25	100	-11.0	1.0	1629	Aldebaran
16	9	2060	22	32	91	-11.0	1.7	969	Elnath
30	9	2060	10	19	63	-10.1	1.1	1188	Antares
14	10	2060	5	37	118	-11.6	1.7	1651	Elnath
27	10	2060	16	31	36	-8.9	1.1	1325	Antares

GG	MM	AAAA	HH	MM	ELONG	MAGL	MAGS	T	STELLA
10	11	2060	15	15	145	-12.4	1.7	1595	Elnath
23	11	2060	22	27	9	-6.0	1.1	905	Antares
8	12	2060	2	25	172	-12.8	1.7	1312	Elnath
21	12	2060	5	4	20	-7.7	1.1	1085	Antares
4	1	2061	12	55	158	-12.6	1.7	1405	Elnath
17	1	2061	12	43	47	-9.5	1.1	2028	Antares
31	1	2061	20	54	131	-12.0	1.7	2006	Elnath
13	2	2061	21	0	75	-10.4	1.1	2804	Antares
28	2	2061	2	37	103	-11.3	1.7	2554	Elnath
13	3	2061	5	8	102	-11.1	1.1	3184	Antares
27	3	2061	8	14	76	-10.6	1.7	2784	Elnath
9	4	2061	12	29	129	-11.7	1.1	3261	Antares
23	4	2061	15	49	50	-9.8	1.7	2748	Elnath
6	5	2061	18	58	156	-12.3	1.1	3179	Antares
21	5	2061	1	38	23	-8.2	1.7	2599	Elnath
3	6	2061	1	1	175	-12.5	1.1	3108	Antares
17	6	2061	12	21	6	-5.2	1.7	2523	Elnath
30	6	2061	7	15	151	-12.2	1.1	3210	Antares
14	7	2061	22	13	30	-8.7	1.7	2656	Elnath
23	7	2061	17	51	83	-10.6	1.1	1253	Spica
27	7	2061	14	12	125	-11.6	1.1	3426	Antares
11	8	2061	6	0	56	-10.0	1.7	2917	Elnath
20	8	2061	2	14	57	-9.9	1.1	2308	Spica
23	8	2061	21	53	99	-11.0	1.1	3565	Antares
7	9	2061	11	50	82	-10.8	1.7	3107	Elnath
16	9	2061	10	50	31	-8.6	1.1	2575	Spica
20	9	2061	5	55	73	-10.3	1.1	3591	Antares
4	10	2061	17	20	108	-11.4	1.7	3140	Elnath
13	10	2061	18	42	4	-4.2	1.1	2564	Spica
17	10	2061	13	37	46	-9.4	1.1	3580	Antares
1	11	2061	0	39	135	-12.1	1.7	3042	Elnath
10	11	2061	1	17	23	-8.1	1.1	2599	Spica
13	11	2061	20	34	19	-7.6	1.1	3556	Antares
28	11	2061	10	40	163	-12.7	1.7	2907	Elnath
7	12	2061	6	58	51	-9.7	1.1	2918	Spica
11	12	2061	2	47	10	-6.2	1.1	3549	Antares
25	12	2061	22	13	168	-12.8	1.7	2888	Elnath
3	1	2062	13	6	79	-10.6	1.1	3302	Spica
7	1	2062	8	53	37	-9.0	1.1	3584	Antares
22	1	2062	8	49	141	-12.3	1.7	3033	Elnath
30	1	2062	20	55	107	-11.3	1.1	3448	Spica
3	2	2062	15	37	65	-10.1	1.1	3552	Antares
18	2	2062	16	45	113	-11.6	1.7	3197	Elnath
27	2	2062	6	17	134	-12.0	1.1	3426	Spica
2	3	2062	23	23	92	-10.9	1.1	3433	Antares
17	3	2062	22	25	86	-10.9	1.7	3258	Elnath
26	3	2062	15	46	161	-12.5	1.1	3405	Spica
30	3	2062	7	49	119	-11.5	1.1	3388	Antares
14	4	2062	4	6	59	-10.1	1.7	3214	Elnath
22	4	2062	23	55	171	-12.6	1.1	3421	Spica
26	4	2062	15	59	146	-12.1	1.1	3439	Antares
11	5	2062	11	41	33	-8.9	1.7	3102	Elnath
20	5	2062	6	18	145	-12.1	1.1	3444	Spica

GG	MM	AAAA	HH	MM	ELONG	MAGL	MAGS	T	STELLA
23	5	2062	23	11	171	-12.5	1.1	3485	Antares
7	6	2062	21	24	8	-5.9	1.7	3016	Elnath
16	6	2062	11	48	119	-11.5	1.1	3385	Spica
20	6	2062	5	21	161	-12.4	1.1	3485	Antares
5	7	2062	8	3	21	-8.0	1.7	3046	Elnath
13	7	2062	17	51	93	-10.9	1.1	3140	Spica
17	7	2062	11	9	135	-11.8	1.1	3398	Antares
1	8	2062	17	55	47	-9.7	1.7	3160	Elnath
10	8	2062	1	34	67	-10.3	1.1	2796	Spica
13	8	2062	17	30	109	-11.2	1.1	3202	Antares
29	8	2062	1	44	73	-10.5	1.7	3259	Elnath
6	9	2062	10	53	41	-9.3	1.1	2606	Spica
10	9	2062	1	0	83	-10.6	1.1	3046	Antares
25	9	2062	7	34	99	-11.2	1.7	3290	Elnath
3	10	2062	20	40	14	-7.0	1.1	2627	Spica
7	10	2062	9	33	56	-9.9	1.1	3091	Antares
22	10	2062	13	6	126	-11.8	1.7	3231	Elnath
31	10	2062	5	24	14	-7.0	1.1	2649	Spica
3	11	2062	18	17	29	-8.6	1.1	3232	Antares
18	11	2062	20	27	153	-12.5	1.7	3096	Elnath
23	11	2062	12	42	91	-11.0	1.4	1228	Regulus
27	11	2062	12	9	41	-9.3	1.1	2409	Spica
1	12	2062	2	9	5	-4.8	1.1	3309	Antares
16	12	2062	6	25	175	-12.8	1.7	3020	Elnath
20	12	2062	19	8	118	-11.7	1.4	2300	Regulus
24	12	2062	17	34	69	-10.4	1.1	1554	Spica
28	12	2062	8	36	27	-8.4	1.1	3265	Antares
12	1	2063	17	41	151	-12.5	1.7	3090	Elnath
17	1	2063	4	21	146	-12.4	1.4	2658	Regulus
24	1	2063	14	16	54	-9.8	1.1	3060	Antares
9	2	2063	3	54	123	-11.8	1.7	3216	Elnath
13	2	2063	15	40	174	-12.8	1.4	2719	Regulus
20	2	2063	20	37	82	-10.7	1.1	2823	Antares
8	3	2063	11	31	95	-11.1	1.7	3291	Elnath
13	3	2063	2	43	158	-12.6	1.4	2724	Regulus
20	3	2063	4	38	109	-11.3	1.1	2827	Antares
4	4	2063	17	9	69	-10.4	1.7	3260	Elnath
9	4	2063	11	30	131	-12.0	1.4	2844	Regulus
16	4	2063	13	54	136	-12.0	1.1	3015	Antares
1	5	2063	22	50	42	-9.4	1.7	3105	Elnath
6	5	2063	17	46	104	-11.3	1.4	3082	Regulus
13	5	2063	23	5	162	-12.5	1.1	3161	Antares
29	5	2063	6	11	16	-7.4	1.7	2939	Elnath
2	6	2063	23	5	78	-10.7	1.4	3240	Regulus
10	6	2063	6	58	170	-12.5	1.1	3196	Antares
25	6	2063	15	27	12	-6.7	1.7	2921	Elnath
30	6	2063	5	34	52	-9.9	1.4	3227	Regulus
7	7	2063	13	18	145	-12.1	1.1	3112	Antares
23	7	2063	1	36	37	-9.1	1.7	3034	Elnath
27	7	2063	14	19	26	-8.5	1.4	3156	Regulus
3	8	2063	18	52	119	-11.5	1.1	2933	Antares
19	8	2063	11	4	63	-10.2	1.7	3150	Elnath
24	8	2063	0	53	0	0.6	1.4	3129	Regulus

GG	MM	AAAA	HH	MM	ELONG	MAGL	MAGS	T	STELLA
31	8	2063	1	0	93	-10.9	1.1	2835	Antares
15	9	2063	18	41	90	-10.9	1.7	3166	Elnath
20	9	2063	11	39	27	-8.5	1.4	3148	Regulus
27	9	2063	8	49	66	-10.3	1.1	2947	Antares
13	10	2063	0	28	116	-11.5	1.7	2991	Elnath
17	10	2063	20	45	54	-10.0	1.4	3157	Regulus
24	10	2063	18	19	40	-9.3	1.1	3119	Antares
9	11	2063	6	3	143	-12.2	1.7	2632	Elnath
14	11	2063	3	19	81	-10.8	1.4	3011	Regulus
21	11	2063	4	15	13	-6.9	1.1	3211	Antares
6	12	2063	13	18	170	-12.7	1.7	2371	Elnath
11	12	2063	8	37	109	-11.4	1.4	2599	Regulus
18	12	2063	12	56	17	-7.4	1.1	3226	Antares
2	1	2064	22	46	161	-12.6	1.7	2446	Elnath
7	1	2064	15	14	136	-12.2	1.4	2144	Regulus
14	1	2064	19	31	44	-9.5	1.1	3163	Antares
30	1	2064	9	11	133	-12.0	1.7	2646	Elnath
4	2	2064	0	39	164	-12.7	1.4	1991	Regulus
11	2	2064	0	58	71	-10.5	1.1	3082	Antares
26	2	2064	18	33	105	-11.3	1.7	2674	Elnath
2	3	2064	11	55	168	-12.8	1.4	2005	Regulus
9	3	2064	7	21	99	-11.1	1.1	3117	Antares
25	3	2064	1	45	78	-10.6	1.7	2324	Elnath
29	3	2064	22	44	141	-12.2	1.4	1780	Regulus
5	4	2064	15	55	126	-11.8	1.1	3210	Antares
21	4	2064	7	24	52	-9.7	1.7	1399	Elnath
26	4	2064	7	17	114	-11.5	1.4	416	Regulus
3	5	2064	2	2	152	-12.4	1.1	3248	Antares
30	5	2064	12	3	175	-12.7	1.1	3261	Antares
26	6	2064	20	31	154	-12.4	1.1	3284	Antares
24	7	2064	3	1	128	-11.8	1.1	3296	Antares
20	8	2064	8	27	102	-11.2	1.1	3304	Antares
16	9	2064	14	35	76	-10.6	1.1	3309	Antares
13	10	2064	22	53	49	-9.8	1.1	3247	Antares
10	11	2064	9	18	22	-8.2	1.1	3144	Antares
7	12	2064	20	11	7	-5.7	1.1	3123	Antares
4	1	2065	5	24	34	-9.0	1.1	3197	Antares
31	1	2065	12	0	62	-10.2	1.1	3260	Antares
27	2	2065	17	21	89	-11.0	1.1	3217	Antares
26	3	2065	23	53	116	-11.6	1.1	3007	Antares
23	4	2065	8	51	143	-12.3	1.1	2701	Antares
20	5	2065	19	28	169	-12.7	1.1	2511	Antares
17	6	2065	5	59	164	-12.6	1.1	2532	Antares
14	7	2065	14	48	138	-12.1	1.1	2627	Antares
10	8	2065	21	23	112	-11.5	1.1	2590	Antares
7	9	2065	2	45	86	-10.8	1.1	2246	Antares
4	10	2065	8	56	59	-10.1	1.1	1452	Antares
21	3	2068	2	12	156	-12.3	1.1	707	Spica
17	4	2068	8	32	175	-12.5	1.1	1079	Spica
14	5	2068	15	58	150	-12.2	1.1	719	Spica
11	6	2068	0	14	124	-11.6	1.1	894	Spica
8	7	2068	8	35	98	-10.9	1.1	1821	Spica
4	8	2068	16	11	72	-10.3	1.1	2653	Spica

```
GG MM AAAA   HH MM  ELONG   MAGL   MAGS    T     STELLA

31  8 2068   22 44    46    -9.4   1.1   3134   Spica
28  9 2068    4 39    19    -7.6   1.1   3302   Spica
25 10 2068   10 46     8    -5.8   1.1   3301   Spica
21 11 2068   17 48    35    -8.9   1.1   3280   Spica
19 12 2068    1 46    63   -10.1   1.1   3385   Spica
15  1 2069   10  4    91   -10.8   1.1   3557   Spica
11  2 2069   17 54   119   -11.5   1.1   3576   Spica
11  3 2069    0 52   146   -12.1   1.1   3461   Spica
 7  4 2069    7  9   173   -12.5   1.1   3404   Spica
 4  5 2069   13 18   160   -12.4   1.1   3422   Spica
31  5 2069   19 53   134   -11.8   1.1   3403   Spica
28  6 2069    3 12   108   -11.2   1.1   3226   Spica
25  7 2069   11  2    82   -10.5   1.1   2744   Spica
21  8 2069   18 53    55    -9.8   1.1   1891   Spica
18  9 2069    2 12    29    -8.4   1.1    850   Spica
15 10 2069    8 45     2    -3.0   1.1    375   Spica
11 11 2069   14 50    25    -8.2   1.1    548   Spica
25  9 2070   12 22   112   -11.5   1.0   1188   Aldebaran
22 10 2070   19 19   139   -12.2   1.0   1262   Aldebaran
19 11 2070    4 56   166   -12.7   1.0    949   Aldebaran
16 12 2070   16 20   165   -12.8   1.0    978   Aldebaran
13  1 2071    3  9   138   -12.2   1.0   1640   Aldebaran
 9  2 2071   11 27   110   -11.5   1.0   2295   Aldebaran
 8  3 2071   17 19    83   -10.8   1.0   2643   Aldebaran
 4  4 2071   22 50    56   -10.0   1.0   2670   Aldebaran
 2  5 2071    6  5    29    -8.7   1.0   2513   Aldebaran
29  5 2071   15 29     5    -5.0   1.0   2393   Aldebaran
26  6 2071    1 57    24    -8.3   1.0   2500   Aldebaran
23  7 2071   11 50    50    -9.8   1.0   2785   Aldebaran
19  8 2071   19 50    76   -10.6   1.0   3042   Aldebaran
16  9 2071    1 51   102   -11.2   1.0   3150   Aldebaran
13 10 2071    7 19   129   -11.9   1.0   3093   Aldebaran
 9 11 2071   14 15   156   -12.5   1.0   2938   Aldebaran
 6 12 2071   23 40   174   -12.8   1.0   2862   Aldebaran
 3  1 2072   10 34   148   -12.4   1.0   2987   Aldebaran
30  1 2072   20 46   120   -11.7   1.0   3190   Aldebaran
27  2 2072    4 38    92   -11.0   1.0   3316   Aldebaran
25  3 2072   10 27    65   -10.3   1.0   3323   Aldebaran
21  4 2072   16  1    39    -9.2   1.0   3219   Aldebaran
18  5 2072   23  2    13    -6.9   1.0   3096   Aldebaran
15  6 2072    7 49    15    -7.2   1.0   3093   Aldebaran
12  7 2072   17 34    41    -9.3   1.0   3209   Aldebaran
 9  8 2072    2 52    67   -10.3   1.0   3331   Aldebaran
14  8 2072   15 20     8    -6.0   1.4    564   Regulus
 5  9 2072   10 34    93   -10.9   1.0   3397   Aldebaran
11  9 2072    2 16    18    -7.7   1.4    488   Regulus
 2 10 2072   16 34   119   -11.6   1.0   3372   Aldebaran
 8 10 2072   12 14    45    -9.6   1.4    925   Regulus
29 10 2072   22  7   146   -12.2   1.0   3233   Aldebaran
 4 11 2072   19 49    72   -10.6   1.4   1825   Regulus
26 11 2072    4 56   172   -12.6   1.0   3104   Aldebaran
 2 12 2072    1 21   100   -11.2   1.4   2574   Regulus
23 12 2072   13 45   158   -12.5   1.0   3145   Aldebaran
```

```
 GG MM AAAA    HH MM   ELONG    MAGL    MAGS     T     STELLA

 29 12 2072     7  8    128    -11.9    1.4    2933   Regulus
 19  1 2073    23 39    130    -11.9    1.0    3287   Aldebaran
 25  1 2073    15 22    155    -12.6    1.4    3003   Regulus
 16  2 2073     8 52    102    -11.2    1.0    3387   Aldebaran
 22  2 2073     2  4    177    -12.8    1.4    2984   Regulus
 15  3 2073    16 16     75    -10.5    1.0    3378   Aldebaran
 21  3 2073    13 17    149    -12.4    1.4    3025   Regulus
 11  4 2073    22 10     48     -9.6    1.0    3212   Aldebaran
 17  4 2073    22 50    122    -11.8    1.4    3173   Regulus
  9  5 2073     3 50     22     -7.9    1.0    2976   Aldebaran
 15  5 2073     5 50     96    -11.1    1.4    3301   Regulus
  5  6 2073    10 29      7     -5.3    1.0    2900   Aldebaran
 11  6 2073    11 16     70    -10.4    1.4    3270   Regulus
  2  7 2073    18 28     31     -8.6    1.0    3025   Aldebaran
  8  7 2073    17  3     44     -9.5    1.4    3146   Regulus
 30  7 2073     3 15     57     -9.9    1.0    3174   Aldebaran
  5  8 2073     0 44     18     -7.6    1.4    3072   Regulus
 26  8 2073    11 48     83    -10.6    1.0    3206   Aldebaran
  1  9 2073    10 30      9     -6.1    1.4    3057   Regulus
 22  9 2073    19 13    110    -11.3    1.0    3025   Aldebaran
 28  9 2073    21  9     36     -9.1    1.4    3028   Regulus
 20 10 2073     1 22    136    -11.9    1.0    2575   Aldebaran
 26 10 2073     6 48     63    -10.2    1.4    2847   Regulus
 16 11 2073     7 10    163    -12.5    1.0    2093   Aldebaran
 22 11 2073    14  6     90    -11.0    1.4    2302   Regulus
 13 12 2073    13 46    168    -12.5    1.0    2071   Aldebaran
 19 12 2073    19 36    118    -11.6    1.4    1330   Regulus
  9  1 2074    21 41    141    -12.1    1.0    2378   Aldebaran
 16  1 2074     1 31    145    -12.3    1.4     365   Regulus
  6  2 2074     6 21    113    -11.4    1.0    2509   Aldebaran
 12  2 2074     9 37    173    -12.7    1.4     638   Regulus
  5  3 2074    14 43     85    -10.7    1.0    2168   Aldebaran
 11  3 2074    19 42    159    -12.6    1.4     517   Regulus
  1  4 2074    22  0     58     -9.9    1.0     844   Aldebaran
  6  4 2079    22 53     67    -10.4    1.7     999   Elnath
  4  5 2079     6 56     40     -9.4    1.7    1130   Elnath
 31  5 2079    17  4     14     -7.1    1.7     802   Elnath
 28  6 2079     3 48     14     -7.1    1.7     763   Elnath
 10  7 2079    17  6    142    -12.0    1.1     102   Antares
 25  7 2079    13 23     39     -9.3    1.7    1409   Elnath
  6  8 2079    23 56    116    -11.4    1.1    2021   Antares
 21  8 2079    20 48     65    -10.3    1.7    2099   Elnath
  3  9 2079     7 37     90    -10.8    1.1    2755   Antares
 18  9 2079     2 25     92    -11.0    1.7    2529   Elnath
 30  9 2079    15 44     63    -10.1    1.1    3026   Antares
 15 10 2079     8  6    118    -11.7    1.7    2638   Elnath
 27 10 2079    23 37     36     -9.0    1.1    3009   Antares
 11 11 2079    15 55    145    -12.4    1.7    2517   Elnath
 24 11 2079     6 41     10     -6.1    1.1    2883   Antares
  9 12 2079     2 24    172    -12.8    1.7    2368   Elnath
 21 12 2079    12 53     19     -7.6    1.1    2920   Antares
  5  1 2080    13 56    158    -12.7    1.7    2443   Elnath
 17  1 2080    18 51     47     -9.5    1.1    3210   Antares
```

GG	MM	AAAA	HH	MM	ELONG	MAGL	MAGS	T	STELLA
2	2	2080	0	4	131	-12.0	1.7	2747	Elnath
10	2	2080	8	50	116	-11.5	1.1	1496	Spica
14	2	2080	1	34	74	-10.4	1.1	3466	Antares
29	2	2080	7	26	103	-11.3	1.7	3025	Elnath
8	3	2080	18	40	144	-12.2	1.1	2109	Spica
12	3	2080	9	32	102	-11.1	1.1	3532	Antares
27	3	2080	12	54	76	-10.6	1.7	3122	Elnath
5	4	2080	4	18	171	-12.6	1.1	2152	Spica
8	4	2080	18	14	129	-11.7	1.1	3508	Antares
23	4	2080	18	49	49	-9.8	1.7	3056	Elnath
2	5	2080	12	17	162	-12.5	1.1	2143	Spica
6	5	2080	2	35	155	-12.3	1.1	3471	Antares
21	5	2080	2	46	23	-8.2	1.7	2921	Elnath
29	5	2080	18	27	136	-11.9	1.1	2423	Spica
2	6	2080	9	47	175	-12.5	1.1	3456	Antares
17	6	2080	12	40	6	-5.3	1.7	2861	Elnath
25	6	2080	23	52	110	-11.3	1.1	2892	Spica
29	6	2080	15	51	152	-12.2	1.1	3502	Antares
14	7	2080	23	11	30	-8.7	1.7	2959	Elnath
23	7	2080	6	10	84	-10.7	1.1	3212	Spica
26	7	2080	21	33	126	-11.6	1.1	3541	Antares
11	8	2080	8	40	56	-10.0	1.7	3135	Elnath
19	8	2080	14	20	57	-10.0	1.1	3300	Spica
23	8	2080	3	57	100	-11.0	1.1	3479	Antares
7	9	2080	16	3	82	-10.8	1.7	3260	Elnath
16	9	2080	0	8	31	-8.8	1.1	3285	Spica
19	9	2080	11	46	73	-10.4	1.1	3387	Antares
4	10	2080	21	40	109	-11.4	1.7	3285	Elnath
13	10	2080	10	9	4	-4.6	1.1	3274	Spica
16	10	2080	20	43	47	-9.5	1.1	3374	Antares
1	11	2080	3	24	136	-12.1	1.7	3207	Elnath
9	11	2080	18	46	23	-8.2	1.1	3309	Spica
13	11	2080	5	46	20	-7.7	1.1	3405	Antares
28	11	2080	11	12	163	-12.7	1.7	3081	Elnath
7	12	2080	1	12	51	-9.8	1.1	3368	Spica
10	12	2080	13	38	10	-6.2	1.1	3428	Antares
25	12	2080	21	25	168	-12.7	1.7	3055	Elnath
3	1	2081	6	32	79	-10.7	1.1	3299	Spica
6	1	2081	19	52	37	-9.0	1.1	3407	Antares
22	1	2081	8	26	140	-12.2	1.7	3167	Elnath
30	1	2081	13	5	106	-11.4	1.1	3042	Spica
3	2	2081	1	26	64	-10.2	1.1	3258	Antares
18	2	2081	18	2	113	-11.5	1.7	3293	Elnath
26	2	2081	22	12	134	-12.1	1.1	2826	Spica
2	3	2081	8	2	92	-10.9	1.1	3065	Antares
18	3	2081	1	6	86	-10.8	1.7	3356	Elnath
26	3	2081	8	57	161	-12.6	1.1	2795	Spica
29	3	2081	16	32	119	-11.6	1.1	3037	Antares
14	4	2081	6	36	59	-10.1	1.7	3334	Elnath
22	4	2081	19	18	171	-12.7	1.1	2823	Spica
26	4	2081	2	13	145	-12.2	1.1	3134	Antares
11	5	2081	12	30	33	-8.8	1.7	3225	Elnath
20	5	2081	3	38	145	-12.3	1.1	2734	Spica

GG	MM	AAAA	HH	MM	ELONG	MAGL	MAGS	T	STELLA
23	5	2081	11	31	171	-12.6	1.1	3211	Antares
7	6	2081	20	6	8	-5.8	1.7	3130	Elnath
12	6	2081	13	43	69	-10.4	1.4	1460	Regulus
16	6	2081	9	48	119	-11.6	1.1	2358	Spica
19	6	2081	19	17	161	-12.5	1.1	3214	Antares
5	7	2081	5	24	21	-7.9	1.7	3154	Elnath
9	7	2081	20	33	43	-9.5	1.4	2197	Regulus
13	7	2081	15	9	93	-11.0	1.1	1552	Spica
17	7	2081	1	25	135	-11.9	1.1	3104	Antares
1	8	2081	15	18	47	-9.6	1.7	3257	Elnath
6	8	2081	5	40	17	-7.5	1.4	2397	Regulus
13	8	2081	6	54	110	-11.3	1.1	2897	Antares
29	8	2081	0	20	73	-10.5	1.7	3349	Elnath
2	9	2081	16	25	10	-6.4	1.4	2399	Regulus
9	9	2081	13	17	83	-10.7	1.1	2780	Antares
25	9	2081	7	29	99	-11.1	1.7	3384	Elnath
30	9	2081	3	0	37	-9.2	1.4	2443	Regulus
6	10	2081	21	38	57	-10.0	1.1	2874	Antares
22	10	2081	13	8	126	-11.7	1.7	3305	Elnath
27	10	2081	11	39	64	-10.3	1.4	2706	Regulus
3	11	2081	7	39	30	-8.7	1.1	3025	Antares
18	11	2081	18	55	153	-12.4	1.7	3121	Elnath
23	11	2081	17	49	91	-11.0	1.4	3063	Regulus
30	11	2081	17	48	5	-5.0	1.1	3100	Antares
16	12	2081	2	29	175	-12.7	1.7	3021	Elnath
20	12	2081	23	10	119	-11.7	1.4	3240	Regulus
28	12	2081	2	17	27	-8.5	1.1	3072	Antares
12	1	2082	11	58	151	-12.4	1.7	3110	Elnath
17	1	2082	6	15	147	-12.4	1.4	3227	Regulus
24	1	2082	8	33	54	-9.9	1.1	2922	Antares
8	2	2082	21	58	123	-11.7	1.7	3248	Elnath
13	2	2082	16	3	174	-12.8	1.4	3186	Regulus
20	2	2082	13	58	81	-10.7	1.1	2776	Antares
8	3	2082	6	44	96	-11.0	1.7	3301	Elnath
13	3	2082	3	16	158	-12.6	1.4	3190	Regulus
19	3	2082	20	46	109	-11.4	1.1	2833	Antares
4	4	2082	13	31	69	-10.3	1.7	3185	Elnath
9	4	2082	13	37	131	-12.0	1.4	3233	Regulus
16	4	2082	5	52	136	-12.1	1.1	2989	Antares
1	5	2082	19	8	42	-9.3	1.7	2877	Elnath
6	5	2082	21	37	104	-11.3	1.4	3214	Regulus
13	5	2082	16	19	162	-12.6	1.1	3083	Antares
29	5	2082	1	0	16	-7.2	1.7	2583	Elnath
3	6	2082	3	28	78	-10.6	1.4	3002	Regulus
10	6	2082	2	19	170	-12.7	1.1	3109	Antares
25	6	2082	8	8	12	-6.5	1.7	2567	Elnath
30	6	2082	8	52	52	-9.8	1.4	2668	Regulus
7	7	2082	10	33	145	-12.2	1.1	3077	Antares
22	7	2082	16	35	37	-9.0	1.7	2750	Elnath
27	7	2082	15	38	26	-8.4	1.4	2466	Regulus
3	8	2082	16	46	119	-11.6	1.1	3004	Antares
19	8	2082	1	35	63	-10.1	1.7	2875	Elnath
24	8	2082	0	34	1	-0.1	1.4	2450	Regulus

```
GG MM AAAA    HH MM   ELONG    MAGL    MAGS     T     STELLA

30  8 2082    22 11     93    -11.0    1.1    2991   Antares
15  9 2082     9 57     89    -10.8    1.7    2761   Elnath
20  9 2082    10 59     27     -8.5    1.4    2414   Regulus
27  9 2082     4 40     66    -10.4    1.1    3078   Antares
12 10 2082    16 55    116    -11.4    1.7    2232   Elnath
17 10 2082    21 11     54    -10.0    1.4    2071   Regulus
24 10 2082    13 33     40     -9.4    1.1    3149   Antares
 8 11 2082    22 46    143    -12.1    1.7    1099   Elnath
14 11 2082     5 27     81    -10.7    1.4     499   Regulus
21 11 2082     0 25     13     -7.0    1.1    3161   Antares
18 12 2082    11 18     17     -7.6    1.1    3174   Antares
14  1 2083    20  7     44     -9.6    1.1    3193   Antares
29  1 2083    20 16    133    -11.9    1.7    1023   Elnath
11  2 2083     2 20     72    -10.5    1.1    3212   Antares
26  2 2083     5  3    106    -11.2    1.7     650   Elnath
10  3 2083     7 44     99    -11.2    1.1    3247   Antares
 6  4 2083    14 43    126    -11.9    1.1    3230   Antares
 4  5 2083     0  7    153    -12.5    1.1    3150   Antares
31  5 2083    10 54    176    -12.8    1.1    3110   Antares
27  6 2083    21 15    154    -12.5    1.1    3150   Antares
25  7 2083     5 43    128    -11.9    1.1    3218   Antares
21  8 2083    11 59    102    -11.2    1.1    3251   Antares
17  9 2083    17 20     76    -10.6    1.1    3180   Antares
14 10 2083    23 54     49     -9.8    1.1    2965   Antares
11 11 2083     9  5     22     -8.2    1.1    2735   Antares
 8 12 2083    20 20      7     -5.8    1.1    2682   Antares
 5  1 2084     7 25     34     -9.1    1.1    2776   Antares
 1  2 2084    16 10     62    -10.3    1.1    2820   Antares
28  2 2084    22 16     89    -11.0    1.1    2622   Antares
27  3 2084     3 40    116    -11.6    1.1    2068   Antares
23  4 2084    10 40    143    -12.3    1.1    1269   Antares
20  5 2084    19 59    169    -12.7    1.1     678   Antares
17  6 2084     6 38    163    -12.7    1.1     829   Antares
14  7 2084    16 54    138    -12.1    1.1     947   Antares
25  1 2087    19 48    101    -11.1    1.1    1823   Spica
22  2 2087     3 42    129    -11.7    1.1    2733   Spica
21  3 2087    10 47    156    -12.3    1.1    3066   Spica
17  4 2087    17  6    176    -12.5    1.1    3111   Spica
14  5 2087    23 10    151    -12.2    1.1    3069   Spica
11  6 2087     5 40    124    -11.6    1.1    3137   Spica
 8  7 2087    12 56     98    -10.9    1.1    3354   Spica
 4  8 2087    20 53     72    -10.3    1.1    3530   Spica
 1  9 2087     4 55     46     -9.4    1.1    3548   Spica
28  9 2087    12 23     20     -7.6    1.1    3506   Spica
25 10 2087    18 59      8     -5.6    1.1    3509   Spica
22 11 2087     0 59     35     -8.9    1.1    3529   Spica
19 12 2087     7 10     63    -10.1    1.1    3484   Spica
15  1 2088    14 28     90    -10.9    1.1    3230   Spica
11  2 2088    23  1    118    -11.5    1.1    2687   Spica
10  3 2088     7 55    146    -12.2    1.1    2105   Spica
 6  4 2088    15 59    173    -12.6    1.1    1888   Spica
 3  5 2088    22 39    160    -12.4    1.1    1928   Spica
31  5 2088     4 24    134    -11.8    1.1    1713   Spica
```

```
GG MM AAAA    HH MM  ELONG   MAGL   MAGS    T     STELLA

 5  7 2089    16 39    34    -8.9   1.0    680    Aldebaran
 2  8 2089     2  8    60   -10.1   1.0   1757    Aldebaran
29  8 2089     9 41    86   -10.8   1.0   2349    Aldebaran
25  9 2089    15 27   112   -11.4   1.0   2561    Aldebaran
22 10 2089    21  3   139   -12.1   1.0   2464    Aldebaran
19 11 2089     4 23   166   -12.7   1.0   2252    Aldebaran
16 12 2089    14  1   165   -12.7   1.0   2265    Aldebaran
13  1 2090     0 41   138   -12.1   1.0   2603    Aldebaran
 9  2 2090    10 16   110   -11.4   1.0   2976    Aldebaran
 8  3 2090    17 33    82   -10.7   1.0   3166    Aldebaran
 4  4 2090    23 12    56    -9.9   1.0   3150    Aldebaran
 2  5 2090     4 58    29    -8.6   1.0   2999    Aldebaran
29  5 2090    12 11     5    -4.9   1.0   2885    Aldebaran
25  6 2090    20 58    24    -8.2   1.0   2962    Aldebaran
23  7 2090     6 27    50    -9.7   1.0   3165    Aldebaran
19  8 2090    15 19    76   -10.5   1.0   3334    Aldebaran
15  9 2090    22 36   102   -11.1   1.0   3403    Aldebaran
13 10 2090     4 27   129   -11.8   1.0   3355    Aldebaran
 9 11 2090    10 11   156   -12.4   1.0   3211    Aldebaran
 6 12 2090    17 16   174   -12.6   1.0   3133    Aldebaran
 3  1 2091     2  4   148   -12.3   1.0   3236    Aldebaran
30  1 2091    11 35   120   -11.6   1.0   3391    Aldebaran
26  2 2091    20 16    93   -10.9   1.0   3477    Aldebaran
26  3 2091     3 18    65   -10.2   1.0   3473    Aldebaran
22  4 2091     9  9    39    -9.1   1.0   3359    Aldebaran
19  5 2091    14 58    13    -6.8   1.0   3221    Aldebaran
25  5 2091    19 47    86   -10.8   1.4   1919    Regulus
15  6 2091    21 42    15    -7.0   1.0   3220    Aldebaran
22  6 2091     1  8    60   -10.1   1.4   2589    Regulus
13  7 2091     5 35    40    -9.2   1.0   3340    Aldebaran
19  7 2091     7  9    34    -8.9   1.4   2829    Regulus
 9  8 2091    14  6    66   -10.2   1.0   3448    Aldebaran
15  8 2091    15  8     8    -5.9   1.4   2851    Regulus
 5  9 2091    22 20    93   -10.8   1.0   3482    Aldebaran
12  9 2091     1  1    18    -7.7   1.4   2843    Regulus
 3 10 2091     5 32   119   -11.5   1.0   3402    Aldebaran
 9 10 2091    11 27    45    -9.6   1.4   2967    Regulus
30 10 2091    11 42   146   -12.1   1.0   3183    Aldebaran
 5 11 2091    20 35    73   -10.5   1.4   3222    Regulus
26 11 2091    17 39   172   -12.5   1.0   3003    Aldebaran
 3 12 2091     3 24   100   -11.2   1.4   3388    Regulus
24 12 2091     0 20   158   -12.4   1.0   3071    Aldebaran
30 12 2091     8 48   128   -11.8   1.4   3360    Regulus
20  1 2092     8  7   131   -11.8   1.0   3252    Aldebaran
26  1 2092    15  2   156   -12.5   1.4   3282    Regulus
16  2 2092    16 30   103   -11.1   1.0   3329    Aldebaran
22  2 2092    23 25   177   -12.7   1.4   3253    Regulus
15  3 2092     0 37    76   -10.4   1.0   3209    Aldebaran
21  3 2092     9 24   149   -12.4   1.4   3240    Regulus
11  4 2092     7 52    49    -9.5   1.0   2851    Aldebaran
17  4 2092    19 17   122   -11.7   1.4   3153    Regulus
 8  5 2092    14 12    22    -7.9   1.0   2415    Aldebaran
15  5 2092     3 36    96   -11.0   1.4   2833    Regulus
```

GG	MM	AAAA	HH	MM	ELONG	MAGL	MAGS	T	STELLA
4	6	2092	20	9	6	-5.1	1.0	2285	Aldebaran
11	6	2092	10	1	70	-10.3	1.4	2229	Regulus
2	7	2092	2	23	31	-8.5	1.0	2508	Aldebaran
8	7	2092	15	29	44	-9.4	1.4	1646	Regulus
29	7	2092	9	23	56	-9.8	1.0	2720	Aldebaran
4	8	2092	21	30	18	-7.4	1.4	1527	Regulus
25	8	2092	17	9	82	-10.6	1.0	2660	Aldebaran
1	9	2092	5	5	9	-6.0	1.4	1613	Regulus
22	9	2092	1	11	109	-11.2	1.0	2154	Aldebaran
28	9	2092	14	11	35	-9.0	1.4	1247	Regulus
19	10	2092	8	51	136	-11.9	1.0	770	Aldebaran
27	1	2098	5	3	57	-9.9	1.1	532	Antares
11	2	2098	15	1	120	-11.7	1.7	1603	Elnath
23	2	2098	11	53	84	-10.7	1.1	2247	Antares
10	3	2098	21	50	93	-11.0	1.7	2270	Elnath
22	3	2098	20	10	112	-11.3	1.1	2735	Antares
7	4	2098	3	13	66	-10.3	1.7	2490	Elnath
19	4	2098	5	11	138	-12.0	1.1	2785	Antares
4	5	2098	9	24	40	-9.3	1.7	2405	Elnath
16	5	2098	13	41	165	-12.5	1.1	2664	Antares
31	5	2098	17	40	14	-7.1	1.7	2233	Elnath
12	6	2098	20	50	168	-12.5	1.1	2635	Antares
28	6	2098	3	39	14	-7.1	1.7	2240	Elnath
10	7	2098	2	45	143	-12.0	1.1	2873	Antares
25	7	2098	13	58	39	-9.3	1.7	2515	Elnath
6	8	2098	8	23	117	-11.4	1.1	3206	Antares
21	8	2098	23	0	66	-10.3	1.7	2862	Elnath
30	8	2098	3	49	48	-9.7	1.1	1165	Spica
2	9	2098	14	58	90	-10.8	1.1	3388	Antares
18	9	2098	5	57	92	-11.0	1.7	3080	Elnath
26	9	2098	14	2	21	-8.0	1.1	1563	Spica
29	9	2098	23	11	64	-10.2	1.1	3404	Antares
15	10	2098	11	26	119	-11.6	1.7	3107	Elnath
24	10	2098	0	12	6	-5.2	1.1	1519	Spica
27	10	2098	8	36	37	-9.1	1.1	3354	Antares
11	11	2098	17	26	146	-12.3	1.7	2981	Elnath
20	11	2098	8	35	33	-8.9	1.1	1673	Spica
23	11	2098	17	53	10	-6.3	1.1	3304	Antares
9	12	2098	1	38	172	-12.7	1.7	2847	Elnath
17	12	2098	14	41	61	-10.2	1.1	2277	Spica
21	12	2098	1	39	19	-7.7	1.1	3336	Antares
5	1	2099	11	57	158	-12.6	1.7	2900	Elnath
13	1	2099	20	3	89	-10.9	1.1	2864	Spica
17	1	2099	7	38	46	-9.6	1.1	3437	Antares
1	2	2099	22	36	130	-12.0	1.7	3112	Elnath
10	2	2099	3	6	116	-11.6	1.1	3116	Spica
13	2	2099	13	11	74	-10.5	1.1	3447	Antares
1	3	2099	7	32	103	-11.2	1.7	3292	Elnath
9	3	2099	12	47	144	-12.3	1.1	3141	Spica
12	3	2099	20	9	101	-11.2	1.1	3355	Antares
28	3	2099	14	8	76	-10.5	1.7	3356	Elnath
5	4	2099	23	47	171	-12.7	1.1	3119	Spica
9	4	2099	5	11	128	-11.8	1.1	3300	Antares

GG	MM	AAAA	HH	MM	ELONG	MAGL	MAGS	T	STELLA
24	4	2099	19	36	49	-9.7	1.7	3307	Elnath
3	5	2099	9	59	162	-12.6	1.1	3141	Spica
6	5	2099	15	11	155	-12.4	1.1	3300	Antares
22	5	2099	1	43	23	-8.1	1.7	3188	Elnath
30	5	2099	17	58	136	-12.0	1.1	3234	Spica
3	6	2099	0	32	175	-12.6	1.1	3317	Antares
18	6	2099	9	30	6	-5.2	1.7	3127	Elnath
26	6	2099	23	52	109	-11.4	1.1	3300	Spica
30	6	2099	8	7	152	-12.3	1.1	3333	Antares
15	7	2099	18	45	30	-8.6	1.7	3200	Elnath
24	7	2099	5	15	84	-10.8	1.1	3219	Spica
27	7	2099	14	2	126	-11.7	1.1	3282	Antares
12	8	2099	4	21	56	-9.9	1.7	3326	Elnath
20	8	2099	12	4	57	-10.1	1.1	3053	Spica
23	8	2099	19	31	100	-11.1	1.1	3139	Antares
8	9	2099	12	54	82	-10.7	1.7	3415	Elnath
16	9	2099	21	15	31	-8.8	1.1	2959	Spica
20	9	2099	2	15	74	-10.5	1.1	3034	Antares
5	10	2099	19	41	109	-11.3	1.7	3445	Elnath
14	10	2099	8	10	5	-4.8	1.1	2956	Spica
17	10	2099	11	9	47	-9.7	1.1	3057	Antares
2	11	2099	1	16	136	-12.0	1.7	3380	Elnath
10	11	2099	18	54	24	-8.3	1.1	2950	Spica
13	11	2099	21	39	20	-7.9	1.1	3121	Antares
29	11	2099	7	19	163	-12.5	1.7	3252	Elnath
8	12	2099	3	28	51	-9.9	1.1	2804	Spica
11	12	2099	7	53	10	-6.3	1.1	3151	Antares
26	12	2099	15	6	168	-12.6	1.7	3222	Elnath
31	12	2099	13	35	129	-11.9	1.4	1302	Regulus

Aldebaran

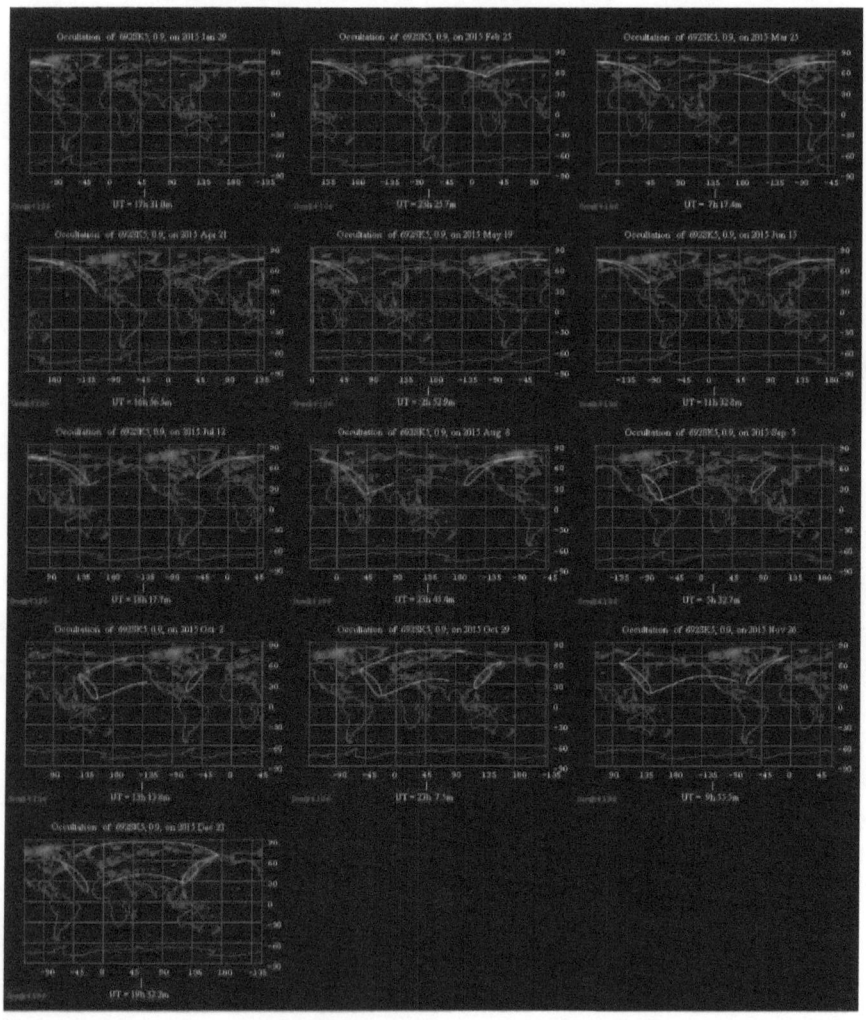

Antares

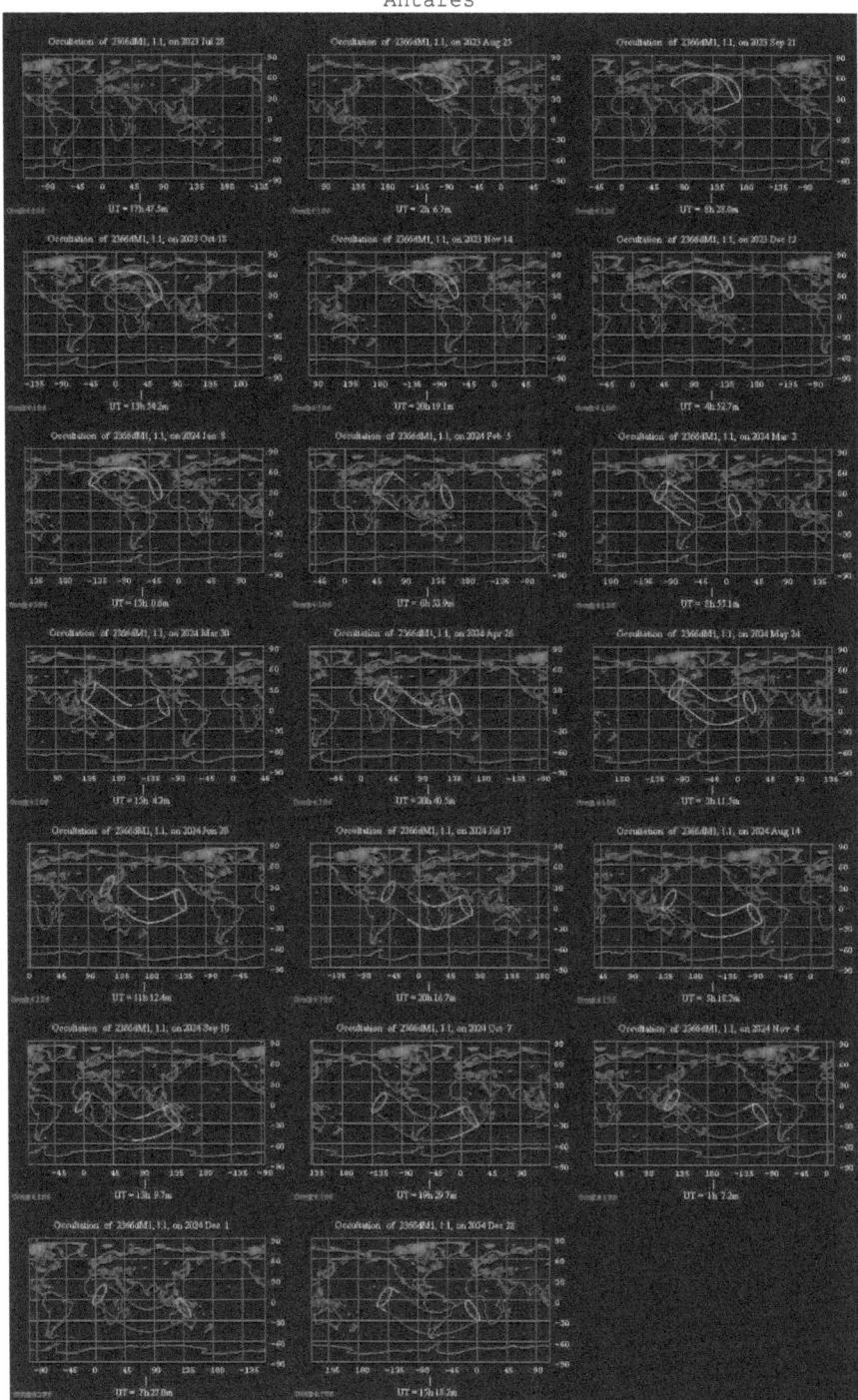

Regolo

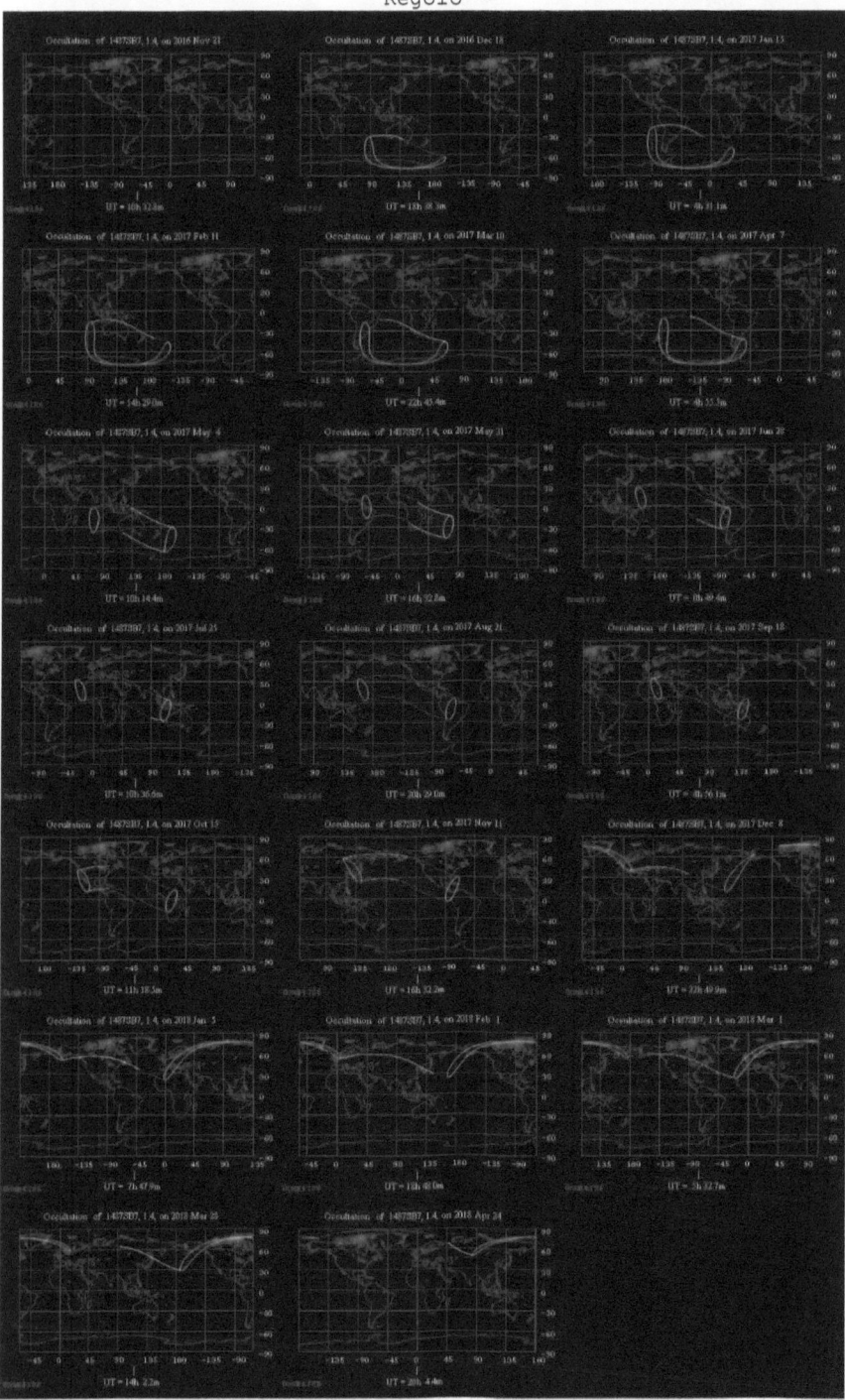

Spica

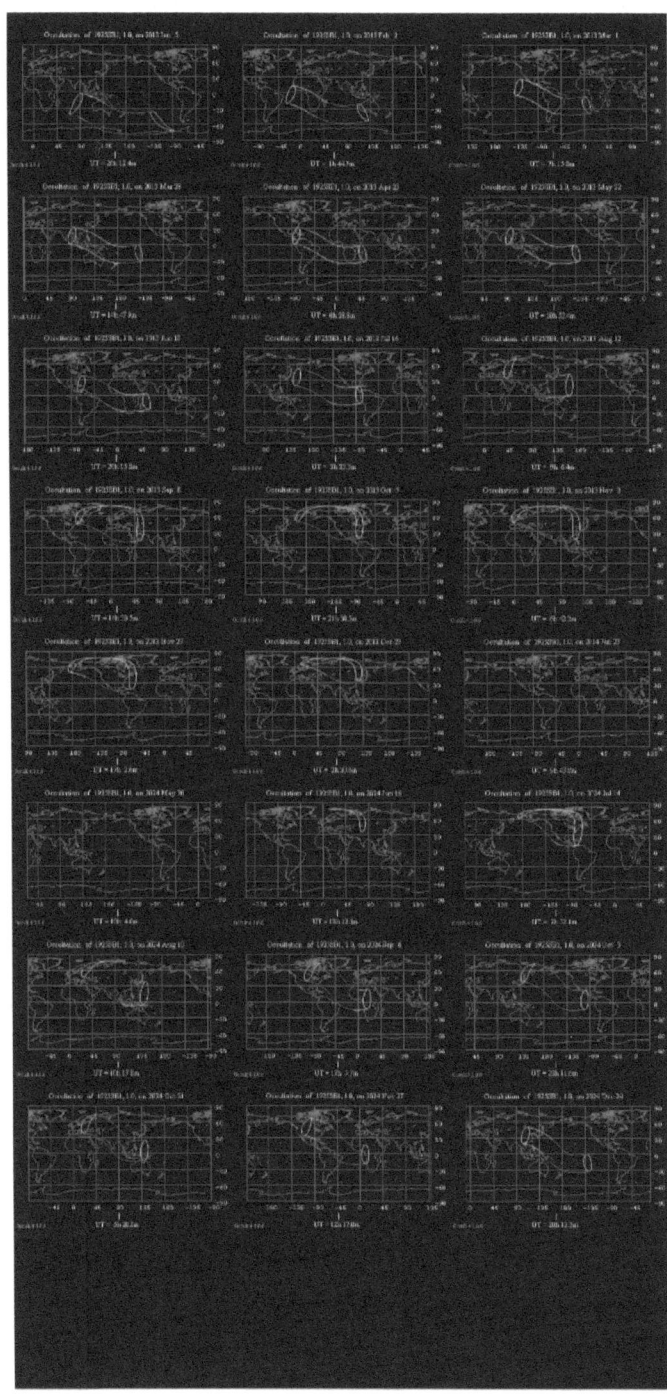

OCCULTAZIONI LUNA-M44-M45
OCCULTATIONS MOON-M44-M45
2000-2100

```
GG MM AAAA : data nel formato giorno/mese/anno
HH MM : ore e minuti
ELONG : elongazione in gradi dal Sole dei corpi
MAGL : magnitudine della Luna
MAGA : magnitudine dell'oggetto
T : durata in secondi
PIANETI : corpi coinvolti : MErcurio, VEnere, MArte, GIove,
                            SAturno, URano, NEttuno
```

La luna non è indicata in quanto è presente in tutte le occultazioni di questa tabella

```
GG MM AAAA : date in the format dd/mm/yyyy
HH MM : hours and minutes
ELONG : elongation in ° from the Sun of the bodies
MAGL : magnitude of the Moon
MAGA : magnitude of the object
T : duration in seconds
PIANETI : planets : MErcury, VEnus, MArs, GI (Jupiter),
                    SAturn, URanus, NEptune
```

The Moon isn't indicated in the table because it is always present

```
GG MM AAAA    HH MM   ELONG    MAGL    MAGA     T    MESSIER

21  1 2000    15 48    174    -12.8    3.7    902    M44
18  2 2000     2 15    159    -12.6    3.7    840    M44
16  3 2000    10  8    131    -12.0    3.7   1409    M44
12  4 2000    15 49    104    -11.3    3.7   2233    M44
 9  5 2000    21 21     78    -10.6    3.7   2785    M44
 6  6 2000     4 40     51     -9.8    3.7   2995    M44
 3  7 2000    14 13     25     -8.4    3.7   3018    M44
31  7 2000     0 55      1     -2.2    3.7   3004    M44
27  8 2000    11  2     27     -8.5    3.7   3049    M44
23  9 2000    19  6     54    -10.0    3.7   3185    M44
21 10 2000     1  0     81    -10.8    3.7   3285    M44
17 11 2000     6 26    108    -11.4    3.7   3212    M44
14 12 2000    13 50    136    -12.1    3.7   3067    M44
11  1 2001     0  5    164    -12.7    3.7   3004    M44
 7  2 2001    11 42    168    -12.8    3.7   3005    M44
 6  3 2001    22 10    141    -12.3    3.7   2966    M44
 3  4 2001     5 57    114    -11.5    3.7   2737    M44
30  4 2001    11 36     87    -10.9    3.7   2215    M44
27  5 2001    17 10     61    -10.2    3.7   1615    M44
24  6 2001     0 32     35     -9.0    3.7   1407    M44
21  7 2001    10  6      9     -6.1    3.7   1535    M44
17  8 2001    20 50     18     -7.7    3.7   1485    M44
14  9 2001     6 58     44     -9.6    3.7    492    M44
16  2 2005     5 24     92    -10.9    1.6    956    M45
15  3 2005    13 48     65    -10.2    1.6   2119    M45
11  4 2005    22 58     38     -9.1    1.6   2299    M45
 9  5 2005     7 32     12     -6.6    1.6   2185    M45
 5  6 2005    14 39     15     -7.1    1.6   2175    M45
 2  7 2005    20 28     41     -9.2    1.6   2526    M45
30  7 2005     2  3     67    -10.2    1.6   2997    M45
26  8 2005     8 42     93    -10.9    1.6   3275    M45
22  9 2005    17  6    120    -11.6    1.6   3334    M45
20 10 2005     2 44    147    -12.3    1.6   3297    M45
16 11 2005    12 10    173    -12.7    1.6   3255    M45
13 12 2005    20  0    158    -12.5    1.6   3299    M45
10  1 2006     1 57    130    -11.9    1.6   3415    M45
 6  2 2006     7 30    103    -11.2    1.6   3428    M45
 5  3 2006    14 34     75    -10.6    1.6   3318    M45
 1  4 2006    23 46     48     -9.7    1.6   3246    M45
29  4 2006     9 54     21     -8.0    1.6   3250    M45
26  5 2006    19 16      7     -5.5    1.6   3273    M45
23  6 2006     2 46     32     -8.8    1.6   3270    M45
20  7 2006     8 35     58    -10.0    1.6   3160    M45
16  8 2006    14  3     84    -10.7    1.6   2926    M45
12  9 2006    20 55    110    -11.4    1.6   2749    M45
10 10 2006     6  3    137    -12.1    1.6   2772    M45
 6 11 2006    16 44    164    -12.7    1.6   2873    M45
 4 12 2006     3  3    167    -12.7    1.6   2902    M45
31 12 2006    11 14    140    -12.2    1.6   2760    M45
27  1 2007    17  7    112    -11.5    1.6   2384    M45
23  2 2007    22 39     85    -10.9    1.6   2020    M45
23  3 2007     6  4     58    -10.1    1.6   2068    M45
19  4 2007    15 48     31     -8.8    1.6   2331    M45
```

GG	MM	AAAA	HH	MM	ELONG	MAGL	MAGA	T	MESSIER
17	5	2007	2	32	6	-5.4	1.6	2479	M45
13	6	2007	12	22	23	-8.1	1.6	2409	M45
18	6	2007	6	42	41	-9.3	3.7	1110	M44
10	7	2007	20	9	48	-9.7	1.6	2069	M45
15	7	2007	15	58	15	-7.1	3.7	1721	M44
7	8	2007	2	0	74	-10.5	1.6	1521	M45
12	8	2007	0	7	12	-6.6	3.7	1700	M44
3	9	2007	7	29	100	-11.2	1.6	1283	M45
8	9	2007	6	38	38	-9.1	3.7	1594	M44
30	9	2007	14	34	127	-11.9	1.6	1694	M45
5	10	2007	12	8	65	-10.2	3.7	1941	M44
28	10	2007	0	12	154	-12.5	1.6	2122	M45
1	11	2007	18	13	92	-10.9	3.7	2589	M44
24	11	2007	11	30	175	-12.8	1.6	2265	M45
29	11	2007	2	20	119	-11.6	3.7	3033	M44
21	12	2007	22	16	150	-12.5	1.6	2081	M45
26	12	2007	12	28	147	-12.3	3.7	3185	M44
18	1	2008	6	32	122	-11.8	1.6	1549	M45
22	1	2008	22	56	175	-12.7	3.7	3215	M44
14	2	2008	12	21	95	-11.1	1.6	1042	M45
19	2	2008	7	44	157	-12.5	3.7	3237	M44
12	3	2008	17	56	68	-10.4	1.6	1422	M45
17	3	2008	14	12	130	-11.9	3.7	3300	M44
9	4	2008	1	28	41	-9.4	1.6	2010	M45
13	4	2008	19	35	103	-11.2	3.7	3369	M44
6	5	2008	11	19	15	-7.2	1.6	2302	M45
11	5	2008	1	54	77	-10.6	3.7	3306	M44
2	6	2008	22	8	14	-7.1	1.6	2303	M45
7	6	2008	10	18	50	-9.8	3.7	3113	M44
30	6	2008	8	6	39	-9.3	1.6	2067	M45
4	7	2008	20	18	24	-8.2	3.7	2958	M44
27	7	2008	15	59	65	-10.3	1.6	1723	M45
1	8	2008	6	27	2	-3.2	3.7	2935	M44
23	8	2008	21	52	91	-11.0	1.6	1692	M45
28	8	2008	15	13	28	-8.6	3.7	2960	M44
20	9	2008	3	21	117	-11.6	1.6	2109	M45
24	9	2008	21	52	55	-9.9	3.7	2874	M44
17	10	2008	10	30	144	-12.3	1.6	2505	M45
22	10	2008	3	14	82	-10.8	3.7	2479	M44
13	11	2008	20	16	171	-12.8	1.6	2660	M45
18	11	2008	9	25	109	-11.4	3.7	1600	M44
11	12	2008	7	38	160	-12.7	1.6	2614	M45
7	1	2009	18	17	132	-12.1	1.6	2452	M45
4	2	2009	2	20	105	-11.3	1.6	2387	M45
3	3	2009	8	4	77	-10.7	1.6	2617	M45
30	3	2009	13	40	50	-9.8	1.6	2910	M45
26	4	2009	21	6	24	-8.2	1.6	3043	M45
24	5	2009	6	38	6	-5.1	1.6	3051	M45
20	6	2009	17	5	30	-8.7	1.6	3013	M45
18	7	2009	2	47	56	-10.0	1.6	2993	M45
14	8	2009	10	31	82	-10.7	1.6	3079	M45
10	9	2009	16	22	108	-11.3	1.6	3241	M45
7	10	2009	21	51	135	-12.0	1.6	3317	M45

GG	MM	AAAA	HH	MM	ELONG	MAGL	MAGA	T	MESSIER
4	11	2009	4	57	161	-12.6	1.6	3285	M45
1	12	2009	14	28	170	-12.7	1.6	3258	M45
29	12	2009	1	18	142	-12.3	1.6	3280	M45
25	1	2010	11	16	115	-11.5	1.6	3341	M45
21	2	2010	18	51	87	-10.9	1.6	3382	M45
21	3	2010	0	31	60	-10.1	1.6	3272	M45
17	4	2010	6	9	33	-8.8	1.6	3044	M45
14	5	2010	13	18	7	-5.6	1.6	2917	M45
10	6	2010	22	11	20	-7.8	1.6	2950	M45
8	7	2010	7	51	46	-9.5	1.6	3006	M45
4	8	2010	16	55	72	-10.4	1.6	2934	M45
1	9	2010	0	19	98	-11.0	1.6	2554	M45
28	9	2010	6	8	125	-11.7	1.6	1672	M45
4	10	2018	9	56	64	-10.3	3.7	927	M44
31	10	2018	15	34	91	-11.0	3.7	2119	M44
27	11	2018	21	12	118	-11.7	3.7	2680	M44
25	12	2018	5	9	146	-12.4	3.7	2837	M44
21	1	2019	15	49	174	-12.8	3.7	2826	M44
18	2	2019	3	22	158	-12.6	3.7	2847	M44
17	3	2019	13	21	131	-12.0	3.7	3015	M44
13	4	2019	20	36	104	-11.3	3.7	3225	M44
11	5	2019	2	3	77	-10.6	3.7	3291	M44
7	6	2019	7	50	51	-9.8	3.7	3225	M44
4	7	2019	15	33	25	-8.3	3.7	3157	M44
1	8	2019	1	20	2	-3.0	3.7	3134	M44
28	8	2019	12	2	28	-8.6	3.7	3129	M44
24	9	2019	21	49	54	-10.0	3.7	3070	M44
22	10	2019	5	22	81	-10.8	3.7	2809	M44
18	11	2019	10	57	108	-11.4	3.7	2324	M44
15	12	2019	16	42	136	-12.1	3.7	1974	M44
12	1	2020	0	41	164	-12.7	3.7	1995	M44
8	2	2020	11	2	168	-12.7	3.7	2026	M44
6	3	2020	21	57	141	-12.2	3.7	1643	M44
5	9	2023	20	41	103	-11.2	1.6	999	M45
3	10	2023	5	36	129	-11.9	1.6	1799	M45
30	10	2023	15	40	156	-12.5	1.6	1817	M45
27	11	2023	1	13	175	-12.7	1.6	1678	M45
24	12	2023	8	48	148	-12.3	1.6	1930	M45
20	1	2024	14	30	120	-11.6	1.6	2550	M45
16	2	2024	20	9	93	-11.0	1.6	3015	M45
15	3	2024	3	43	65	-10.3	1.6	3161	M45
11	4	2024	13	24	38	-9.2	1.6	3136	M45
8	5	2024	23	46	12	-6.7	1.6	3081	M45
5	6	2024	9	2	15	-7.2	1.6	3096	M45
2	7	2024	16	16	41	-9.3	1.6	3221	M45
29	7	2024	21	54	67	-10.3	1.6	3337	M45
26	8	2024	3	29	93	-11.0	1.6	3327	M45
22	9	2024	10	48	120	-11.7	1.6	3248	M45
19	10	2024	20	31	146	-12.4	1.6	3200	M45
16	11	2024	7	33	173	-12.8	1.6	3193	M45
13	12	2024	17	46	158	-12.6	1.6	3214	M45
10	1	2025	1	31	130	-12.0	1.6	3201	M45
6	2	2025	7	7	102	-11.3	1.6	3053	M45

GG	MM	AAAA	HH	MM	ELONG	MAGL	MAGA	T	MESSIER
5	3	2025	12	52	75	-10.6	1.6	2873	M45
1	4	2025	20	47	48	-9.7	1.6	2840	M45
29	4	2025	6	56	21	-8.1	1.6	2899	M45
26	5	2025	17	43	7	-5.7	1.6	2929	M45
23	6	2025	3	20	32	-8.9	1.6	2869	M45
20	7	2025	10	45	58	-10.1	1.6	2654	M45
16	8	2025	16	24	84	-10.8	1.6	2336	M45
12	9	2025	22	2	110	-11.4	1.6	2196	M45
10	10	2025	5	35	137	-12.1	1.6	2349	M45
6	11	2025	15	44	164	-12.7	1.6	2528	M45
4	12	2025	3	12	167	-12.8	1.6	2545	M45
31	12	2025	13	38	140	-12.3	1.6	2319	M45
5	1	2026	2	30	157	-12.6	3.7	1050	M44
27	1	2026	21	20	112	-11.5	1.6	1822	M45
1	2	2026	13	2	174	-12.8	3.7	1227	M44
24	2	2026	2	54	85	-10.9	1.6	1427	M45
28	2	2026	21	31	147	-12.3	3.7	960	M44
23	3	2026	8	43	58	-10.1	1.6	1683	M45
28	3	2026	3	39	120	-11.6	3.7	1252	M44
19	4	2026	16	42	31	-8.8	1.6	2102	M45
24	4	2026	9	2	93	-11.0	3.7	2063	M44
17	5	2026	2	47	6	-5.4	1.6	2281	M45
21	5	2026	15	44	67	-10.3	3.7	2673	M44
13	6	2026	13	31	23	-8.2	1.6	2179	M45
18	6	2026	0	36	41	-9.4	3.7	2944	M44
10	7	2026	23	8	49	-9.7	1.6	1780	M45
15	7	2026	10	56	15	-7.2	3.7	3016	M44
7	8	2026	6	35	75	-10.6	1.6	1183	M45
11	8	2026	21	7	12	-6.7	3.7	3026	M44
3	9	2026	12	15	101	-11.2	1.6	1081	M45
8	9	2026	5	38	38	-9.2	3.7	3063	M44
30	9	2026	17	54	127	-11.9	1.6	1688	M45
5	10	2026	11	59	65	-10.3	3.7	3183	M44
28	10	2026	1	30	154	-12.5	1.6	2168	M45
1	11	2026	17	19	92	-11.0	3.7	3290	M44
24	11	2026	11	37	175	-12.8	1.6	2301	M45
28	11	2026	23	56	119	-11.7	3.7	3231	M44
21	12	2026	22	56	150	-12.5	1.6	2110	M45
26	12	2026	9	20	147	-12.4	3.7	3082	M44
18	1	2027	9	3	122	-11.8	1.6	1661	M45
22	1	2027	20	44	175	-12.8	3.7	3021	M44
14	2	2027	16	30	95	-11.1	1.6	1399	M45
19	2	2027	7	43	157	-12.6	3.7	3048	M44
13	3	2027	22	1	67	-10.4	1.6	1832	M45
18	3	2027	16	17	130	-12.0	3.7	3042	M44
10	4	2027	3	51	40	-9.3	1.6	2354	M45
14	4	2027	22	20	103	-11.3	3.7	2847	M44
7	5	2027	11	36	14	-7.1	1.6	2593	M45
12	5	2027	3	42	76	-10.6	3.7	2352	M44
3	6	2027	21	13	14	-7.0	1.6	2580	M45
8	6	2027	10	30	50	-9.8	3.7	1691	M44
1	7	2027	7	27	39	-9.3	1.6	2403	M45
5	7	2027	19	36	24	-8.3	3.7	1256	M44

GG	MM	AAAA	HH	MM	ELONG	MAGL	MAGA	T	MESSIER
28	7	2027	16	42	65	-10.3	1.6	2223	M45
2	8	2027	6	15	2	-3.2	3.7	1222	M44
25	8	2027	0	0	91	-10.9	1.6	2323	M45
29	8	2027	16	46	29	-8.7	3.7	1102	M44
21	9	2027	5	40	118	-11.5	1.6	2688	M45
18	10	2027	11	20	144	-12.2	1.6	2981	M45
14	11	2027	18	47	171	-12.7	1.6	3070	M45
12	12	2027	4	27	160	-12.6	1.6	3027	M45
8	1	2028	15	0	132	-12.0	1.6	2947	M45
5	2	2028	0	21	105	-11.3	1.6	2987	M45
3	3	2028	7	24	77	-10.6	1.6	3200	M45
30	3	2028	12	57	50	-9.7	1.6	3374	M45
26	4	2028	18	47	24	-8.1	1.6	3403	M45
24	5	2028	2	7	5	-4.8	1.6	3382	M45
20	6	2028	10	57	30	-8.6	1.6	3374	M45
17	7	2028	20	20	56	-9.9	1.6	3395	M45
14	8	2028	4	57	82	-10.6	1.6	3458	M45
10	9	2028	11	59	108	-11.2	1.6	3479	M45
7	10	2028	17	43	135	-11.9	1.6	3350	M45
3	11	2028	23	30	161	-12.5	1.6	3178	M45
1	12	2028	6	41	170	-12.6	1.6	3149	M45
28	12	2028	15	30	143	-12.2	1.6	3215	M45
25	1	2029	0	51	115	-11.5	1.6	3212	M45
21	2	2029	9	16	87	-10.8	1.6	2975	M45
20	3	2029	16	7	60	-10.0	1.6	2338	M45
16	4	2029	21	56	33	-8.8	1.6	1394	M45
14	5	2029	3	50	7	-5.5	1.6	773	M45
10	6	2029	10	39	20	-7.6	1.6	1063	M45
7	7	2029	18	31	46	-9.4	1.6	1172	M45
23	4	2037	10	59	94	-11.0	3.7	1110	M44
20	5	2037	16	20	68	-10.4	3.7	2184	M44
16	6	2037	22	21	42	-9.4	3.7	2547	M44
14	7	2037	6	23	16	-7.3	3.7	2604	M44
10	8	2037	16	20	11	-6.5	3.7	2590	M44
7	9	2037	2	54	37	-9.2	3.7	2708	M44
4	10	2037	12	15	64	-10.3	3.7	3002	M44
31	10	2037	19	19	91	-11.0	3.7	3273	M44
28	11	2037	0	44	118	-11.6	3.7	3349	M44
25	12	2037	6	47	146	-12.3	3.7	3305	M44
21	1	2038	15	9	174	-12.7	3.7	3261	M44
18	2	2038	1	33	158	-12.6	3.7	3253	M44
17	3	2038	12	3	131	-11.9	3.7	3248	M44
13	4	2038	20	49	104	-11.2	3.7	3114	M44
11	5	2038	3	22	77	-10.6	3.7	2778	M44
7	6	2038	8	48	51	-9.7	3.7	2452	M44
4	7	2038	14	48	25	-8.2	3.7	2379	M44
31	7	2038	22	30	3	-3.4	3.7	2428	M44
28	8	2038	7	48	28	-8.5	3.7	2319	M44
24	9	2038	17	36	54	-9.9	3.7	1733	M44
25	3	2042	17	32	55	-10.0	1.6	1095	M45
22	4	2042	3	40	29	-8.6	1.6	1337	M45
19	5	2042	14	9	3	-4.0	1.6	1174	M45
15	6	2042	23	14	25	-8.3	1.6	1308	M45

GG	MM	AAAA	HH	MM	ELONG	MAGL	MAGA	T	MESSIER
13	7	2042	6	11	51	-9.8	1.6	1930	M45
9	8	2042	11	38	77	-10.6	1.6	2559	M45
5	9	2042	17	25	103	-11.2	1.6	2903	M45
3	10	2042	1	15	129	-11.9	1.6	2976	M45
30	10	2042	11	30	156	-12.6	1.6	2916	M45
26	11	2042	22	46	174	-12.8	1.6	2874	M45
24	12	2042	8	45	148	-12.4	1.6	2984	M45
20	1	2043	16	1	120	-11.7	1.6	3191	M45
16	2	2043	21	26	92	-11.0	1.6	3291	M45
16	3	2043	3	28	65	-10.3	1.6	3254	M45
12	4	2043	11	54	38	-9.3	1.6	3193	M45
9	5	2043	22	20	12	-6.8	1.6	3158	M45
6	6	2043	9	5	16	-7.4	1.6	3166	M45
3	7	2043	18	23	41	-9.4	1.6	3195	M45
31	7	2043	1	26	67	-10.4	1.6	3160	M45
27	8	2043	6	55	93	-11.0	1.6	3038	M45
23	9	2043	12	46	120	-11.7	1.6	2952	M45
20	10	2043	20	50	147	-12.4	1.6	2962	M45
17	11	2043	7	24	173	-12.8	1.6	2987	M45
14	12	2043	18	53	157	-12.6	1.6	2965	M45
11	1	2044	4	51	130	-12.0	1.6	2829	M45
7	2	2044	12	0	102	-11.3	1.6	2543	M45
5	3	2044	17	25	75	-10.6	1.6	2341	M45
1	4	2044	23	32	48	-9.7	1.6	2431	M45
29	4	2044	7	53	21	-8.0	1.6	2596	M45
26	5	2044	18	7	7	-5.7	1.6	2637	M45
23	6	2044	4	40	32	-8.9	1.6	2495	M45
20	7	2044	13	52	58	-10.1	1.6	2129	M45
16	8	2044	20	54	84	-10.8	1.6	1657	M45
13	9	2044	2	25	110	-11.4	1.6	1579	M45
10	10	2044	8	18	137	-12.1	1.6	1973	M45
15	10	2044	2	20	74	-10.6	3.7	807	M44
6	11	2044	16	19	164	-12.7	1.6	2287	M45
11	11	2044	7	43	102	-11.3	3.7	2018	M44
4	12	2044	2	42	167	-12.7	1.6	2299	M45
8	12	2044	14	51	129	-12.0	3.7	2616	M44
31	12	2044	13	46	140	-12.2	1.6	1960	M45
5	1	2045	0	49	157	-12.6	3.7	2810	M44
27	1	2045	23	16	112	-11.5	1.6	1246	M45
1	2	2045	12	24	174	-12.8	3.7	2828	M44
24	2	2045	6	10	84	-10.8	1.6	726	M45
28	2	2045	23	5	147	-12.4	3.7	2843	M44
23	3	2045	11	36	57	-10.0	1.6	1402	M45
28	3	2045	7	8	120	-11.7	3.7	2977	M44
19	4	2045	17	42	31	-8.7	1.6	2028	M45
24	4	2045	12	53	93	-11.0	3.7	3178	M44
17	5	2045	1	42	6	-5.3	1.6	2254	M45
21	5	2045	18	23	67	-10.4	3.7	3256	M44
13	6	2045	11	18	23	-8.1	1.6	2126	M45
18	6	2045	1	33	41	-9.4	3.7	3194	M44
10	7	2045	21	13	49	-9.7	1.6	1690	M45
15	7	2045	11	0	15	-7.2	3.7	3127	M44
7	8	2045	6	1	75	-10.5	1.6	1149	M45

GG	MM	AAAA	HH	MM	ELONG	MAGL	MAGA	T	MESSIER
11	8	2045	21	45	12	-6.8	3.7	3122	M44
3	9	2045	12	54	101	-11.1	1.6	1279	M45
8	9	2045	8	4	38	-9.3	3.7	3151	M44
30	9	2045	18	28	127	-11.8	1.6	1968	M45
5	10	2045	16	20	65	-10.3	3.7	3133	M44
28	10	2045	0	22	154	-12.4	1.6	2452	M45
1	11	2045	22	18	92	-11.0	3.7	2914	M44
24	11	2045	8	8	175	-12.7	1.6	2573	M45
29	11	2045	3	42	120	-11.7	3.7	2437	M44
21	12	2045	17	50	150	-12.4	1.6	2401	M45
26	12	2045	11	0	147	-12.4	3.7	2000	M44
18	1	2046	3	57	122	-11.7	1.6	2089	M45
22	1	2046	21	5	175	-12.8	3.7	1903	M44
14	2	2046	12	40	95	-11.0	1.6	2056	M45
19	2	2046	8	29	157	-12.6	3.7	1902	M44
13	3	2046	19	19	67	-10.3	1.6	2481	M45
18	3	2046	18	49	129	-12.0	3.7	1520	M44
10	4	2046	0	52	40	-9.2	1.6	2903	M45
7	5	2046	6	54	14	-7.0	1.6	3078	M45
3	6	2046	14	21	13	-6.9	1.6	3061	M45
30	6	2046	23	3	39	-9.1	1.6	2949	M45
28	7	2046	8	5	65	-10.2	1.6	2887	M45
24	8	2046	16	18	91	-10.8	1.6	3033	M45
20	9	2046	23	3	118	-11.5	1.6	3299	M45
18	10	2046	4	48	144	-12.1	1.6	3458	M45
14	11	2046	10	47	171	-12.6	1.6	3479	M45
11	12	2046	18	6	160	-12.5	1.6	3458	M45
8	1	2047	2	46	133	-11.9	1.6	3443	M45
4	2	2047	11	42	105	-11.2	1.6	3492	M45
3	3	2047	19	43	77	-10.5	1.6	3567	M45
31	3	2047	2	25	50	-9.6	1.6	3520	M45
27	4	2047	8	19	24	-8.0	1.6	3388	M45
24	5	2047	14	19	5	-4.5	1.6	3342	M45
20	6	2047	21	7	29	-8.5	1.6	3387	M45
18	7	2047	4	50	55	-9.8	1.6	3415	M45
14	8	2047	12	58	81	-10.5	1.6	3332	M45
10	9	2047	20	50	108	-11.2	1.6	3015	M45
8	10	2047	3	51	134	-11.8	1.6	2413	M45
4	11	2047	10	8	161	-12.4	1.6	1836	M45
1	12	2047	16	16	171	-12.5	1.6	1791	M45
28	12	2047	22	58	143	-12.1	1.6	1980	M45
25	1	2048	6	30	115	-11.4	1.6	1737	M45
11	11	2055	8	45	101	-11.2	3.7	496	M44
8	12	2055	14	8	128	-11.9	3.7	1954	M44
4	1	2056	20	31	156	-12.5	3.7	2238	M44
1	2	2056	5	12	176	-12.7	3.7	2230	M44
28	2	2056	15	28	148	-12.4	3.7	2339	M44
27	3	2056	1	28	121	-11.7	3.7	2728	M44
23	4	2056	9	39	94	-11.0	3.7	3154	M44
20	5	2056	15	52	68	-10.3	3.7	3377	M44
16	6	2056	21	19	42	-9.3	3.7	3416	M44
14	7	2056	3	32	16	-7.2	3.7	3389	M44
10	8	2056	11	23	11	-6.4	3.7	3366	M44

GG	MM	AAAA	HH	MM	ELONG	MAGL	MAGA	T	MESSIER
6	9	2056	20	37	37	-9.1	3.7	3384	M44
4	10	2056	6	4	64	-10.2	3.7	3389	M44
31	10	2056	14	18	91	-10.9	3.7	3233	M44
27	11	2056	20	46	118	-11.5	3.7	2928	M44
25	12	2056	2	24	146	-12.2	3.7	2757	M44
21	1	2057	8	49	173	-12.6	3.7	2783	M44
17	2	2057	16	49	158	-12.5	3.7	2747	M44
17	3	2057	1	52	131	-11.8	3.7	2392	M44
13	4	2057	10	43	104	-11.2	3.7	1269	M44
2	1	2061	23	51	138	-12.2	1.6	985	M45
30	1	2061	6	39	110	-11.5	1.6	2022	M45
26	2	2061	11	57	82	-10.8	1.6	2609	M45
25	3	2061	18	22	55	-10.0	1.6	2795	M45
22	4	2061	3	14	28	-8.7	1.6	2762	M45
19	5	2061	13	52	4	-4.3	1.6	2699	M45
16	6	2061	0	29	25	-8.4	1.6	2768	M45
13	7	2061	9	25	51	-9.8	1.6	2986	M45
9	8	2061	16	6	77	-10.6	1.6	3195	M45
5	9	2061	21	29	103	-11.3	1.6	3268	M45
3	10	2061	3	37	130	-11.9	1.6	3237	M45
30	10	2061	12	11	157	-12.6	1.6	3176	M45
26	11	2061	23	4	174	-12.8	1.6	3144	M45
24	12	2061	10	24	147	-12.4	1.6	3184	M45
20	1	2062	19	48	120	-11.7	1.6	3223	M45
17	2	2062	2	26	92	-11.0	1.6	3161	M45
16	3	2062	7	47	65	-10.3	1.6	3079	M45
12	4	2062	14	14	38	-9.2	1.6	3073	M45
9	5	2062	22	55	12	-6.8	1.6	3087	M45
6	6	2062	9	11	16	-7.4	1.6	3071	M45
3	7	2062	19	27	42	-9.4	1.6	2991	M45
31	7	2062	4	12	68	-10.4	1.6	2791	M45
27	8	2062	10	51	94	-11.0	1.6	2551	M45
23	9	2062	16	17	120	-11.6	1.6	2507	M45
20	10	2062	22	27	147	-12.3	1.6	2660	M45
17	11	2062	6	52	173	-12.7	1.6	2764	M45
14	12	2062	17	21	157	-12.6	1.6	2691	M45
11	1	2063	4	2	130	-11.9	1.6	2372	M45
7	2	2063	12	53	102	-11.2	1.6	1833	M45
6	3	2063	19	19	75	-10.5	1.6	1561	M45
3	4	2063	0	46	48	-9.6	1.6	1910	M45
30	4	2063	7	7	21	-7.9	1.6	2284	M45
5	5	2063	3	26	83	-10.8	3.7	1106	M44
27	5	2063	15	17	8	-5.7	1.6	2369	M45
1	6	2063	9	6	57	-10.0	3.7	2145	M44
24	6	2063	0	47	32	-8.8	1.6	2126	M45
28	6	2063	16	39	31	-8.8	3.7	2528	M44
21	7	2063	10	21	58	-10.0	1.6	1518	M45
26	7	2063	2	22	5	-5.1	3.7	2608	M44
17	8	2063	18	41	84	-10.7	1.6	617	M45
22	8	2063	13	8	21	-8.1	3.7	2587	M44
14	9	2063	1	13	110	-11.3	1.6	783	M45
18	9	2063	23	9	48	-9.7	3.7	2650	M44
11	10	2063	6	45	137	-12.0	1.6	1681	M45

```
GG MM AAAA   HH MM  ELONG   MAGL   MAGA     T    MESSIER

11  8 2045   21 45    12    -6.8    3.7   3122    M44
 3  9 2045   12 54   101   -11.1    1.6   1279    M45
 8  9 2045    8  4    38    -9.3    3.7   3151    M44
30  9 2045   18 28   127   -11.8    1.6   1968    M45
 5 10 2045   16 20    65   -10.3    3.7   3133    M44
28 10 2045    0 22   154   -12.4    1.6   2452    M45
 1 11 2045   22 18    92   -11.0    3.7   2914    M44
24 11 2045    8  8   175   -12.7    1.6   2573    M45
29 11 2045    3 42   120   -11.7    3.7   2437    M44
21 12 2045   17 50   150   -12.4    1.6   2401    M45
26 12 2045   11  0   147   -12.4    3.7   2000    M44
18  1 2046    3 57   122   -11.7    1.6   2089    M45
22  1 2046   21  5   175   -12.8    3.7   1903    M44
14  2 2046   12 40    95   -11.0    1.6   2056    M45
19  2 2046    8 29   157   -12.6    3.7   1902    M44
13  3 2046   19 19    67   -10.3    1.6   2481    M45
18  3 2046   18 49   129   -12.0    3.7   1520    M44
10  4 2046    0 52    40    -9.2    1.6   2903    M45
 7  5 2046    6 54    14    -7.0    1.6   3078    M45
 3  6 2046   14 21    13    -6.9    1.6   3061    M45
30  6 2046   23  3    39    -9.1    1.6   2949    M45
28  7 2046    8  5    65   -10.2    1.6   2887    M45
24  8 2046   16 18    91   -10.8    1.6   3033    M45
20  9 2046   23  3   118   -11.5    1.6   3299    M45
18 10 2046    4 48   144   -12.1    1.6   3458    M45
14 11 2046   10 47   171   -12.6    1.6   3479    M45
11 12 2046   18  6   160   -12.5    1.6   3458    M45
 8  1 2047    2 46   133   -11.9    1.6   3443    M45
 4  2 2047   11 42   105   -11.2    1.6   3492    M45
 3  3 2047   19 43    77   -10.5    1.6   3567    M45
31  3 2047    2 25    50    -9.6    1.6   3520    M45
27  4 2047    8 19    24    -8.0    1.6   3388    M45
24  5 2047   14 19     5    -4.5    1.6   3342    M45
20  6 2047   21  7    29    -8.5    1.6   3387    M45
18  7 2047    4 50    55    -9.8    1.6   3415    M45
14  8 2047   12 58    81   -10.5    1.6   3332    M45
10  9 2047   20 50   108   -11.2    1.6   3015    M45
 8 10 2047    3 51   134   -11.8    1.6   2413    M45
 4 11 2047   10  8   161   -12.4    1.6   1836    M45
 1 12 2047   16 16   171   -12.5    1.6   1791    M45
28 12 2047   22 58   143   -12.1    1.6   1980    M45
25  1 2048    6 30   115   -11.4    1.6   1737    M45
11 11 2055    8 45   101   -11.2    3.7    496    M44
 8 12 2055   14  8   128   -11.9    3.7   1954    M44
 4  1 2056   20 31   156   -12.5    3.7   2238    M44
 1  2 2056    5 12   176   -12.7    3.7   2230    M44
28  2 2056   15 28   148   -12.4    3.7   2339    M44
27  3 2056    1 28   121   -11.7    3.7   2728    M44
23  4 2056    9 39    94   -11.0    3.7   3154    M44
20  5 2056   15 52    68   -10.3    3.7   3377    M44
16  6 2056   21 19    42    -9.3    3.7   3416    M44
14  7 2056    3 32    16    -7.2    3.7   3389    M44
10  8 2056   11 23    11    -6.4    3.7   3366    M44
```

GG	MM	AAAA	HH	MM	ELONG	MAGL	MAGA	T	MESSIER
6	9	2056	20	37	37	-9.1	3.7	3384	M44
4	10	2056	6	4	64	-10.2	3.7	3389	M44
31	10	2056	14	18	91	-10.9	3.7	3233	M44
27	11	2056	20	46	118	-11.5	3.7	2928	M44
25	12	2056	2	24	146	-12.2	3.7	2757	M44
21	1	2057	8	49	173	-12.6	3.7	2783	M44
17	2	2057	16	49	158	-12.5	3.7	2747	M44
17	3	2057	1	52	131	-11.8	3.7	2392	M44
13	4	2057	10	43	104	-11.2	3.7	1269	M44
2	1	2061	23	51	138	-12.2	1.6	985	M45
30	1	2061	6	39	110	-11.5	1.6	2022	M45
26	2	2061	11	57	82	-10.8	1.6	2609	M45
25	3	2061	18	22	55	-10.0	1.6	2795	M45
22	4	2061	3	14	28	-8.7	1.6	2762	M45
19	5	2061	13	52	4	-4.3	1.6	2699	M45
16	6	2061	0	29	25	-8.4	1.6	2768	M45
13	7	2061	9	25	51	-9.8	1.6	2986	M45
9	8	2061	16	6	77	-10.6	1.6	3195	M45
5	9	2061	21	29	103	-11.3	1.6	3268	M45
3	10	2061	3	37	130	-11.9	1.6	3237	M45
30	10	2061	12	11	157	-12.6	1.6	3176	M45
26	11	2061	23	4	174	-12.8	1.6	3144	M45
24	12	2061	10	24	147	-12.4	1.6	3184	M45
20	1	2062	19	48	120	-11.7	1.6	3223	M45
17	2	2062	2	26	92	-11.0	1.6	3161	M45
16	3	2062	7	47	65	-10.3	1.6	3079	M45
12	4	2062	14	14	38	-9.2	1.6	3073	M45
9	5	2062	22	55	12	-6.8	1.6	3087	M45
6	6	2062	9	11	16	-7.4	1.6	3071	M45
3	7	2062	19	27	42	-9.4	1.6	2991	M45
31	7	2062	4	12	68	-10.4	1.6	2791	M45
27	8	2062	10	51	94	-11.0	1.6	2551	M45
23	9	2062	16	17	120	-11.6	1.6	2507	M45
20	10	2062	22	27	147	-12.3	1.6	2660	M45
17	11	2062	6	52	173	-12.7	1.6	2764	M45
14	12	2062	17	21	157	-12.6	1.6	2691	M45
11	1	2063	4	2	130	-11.9	1.6	2372	M45
7	2	2063	12	53	102	-11.2	1.6	1833	M45
6	3	2063	19	19	75	-10.5	1.6	1561	M45
3	4	2063	0	46	48	-9.6	1.6	1910	M45
30	4	2063	7	7	21	-7.9	1.6	2284	M45
5	5	2063	3	26	83	-10.8	3.7	1106	M44
27	5	2063	15	17	8	-5.7	1.6	2369	M45
1	6	2063	9	6	57	-10.0	3.7	2145	M44
24	6	2063	0	47	32	-8.8	1.6	2126	M45
28	6	2063	16	39	31	-8.8	3.7	2528	M44
21	7	2063	10	21	58	-10.0	1.6	1518	M45
26	7	2063	2	22	5	-5.1	3.7	2608	M44
17	8	2063	18	41	84	-10.7	1.6	617	M45
22	8	2063	13	8	21	-8.1	3.7	2587	M44
14	9	2063	1	13	110	-11.3	1.6	783	M45
18	9	2063	23	9	48	-9.7	3.7	2650	M44
11	10	2063	6	45	137	-12.0	1.6	1681	M45

GG	MM	AAAA	HH	MM	ELONG	MAGL	MAGA	T	MESSIER
16	10	2063	6	58	75	-10.6	3.7	2905	M44
7	11	2063	12	55	164	-12.5	1.6	2178	M45
12	11	2063	12	39	102	-11.3	3.7	3183	M44
4	12	2063	20	55	167	-12.6	1.6	2205	M45
9	12	2063	18	14	130	-11.9	3.7	3270	M44
1	1	2064	6	30	140	-12.1	1.6	1779	M45
6	1	2064	2	1	157	-12.6	3.7	3225	M44
28	1	2064	16	8	112	-11.4	1.6	938	M45
2	2	2064	12	22	174	-12.8	3.7	3195	M44
25	2	2064	0	17	85	-10.7	1.6	656	M45
29	2	2064	23	34	147	-12.4	3.7	3217	M44
23	3	2064	6	39	58	-9.9	1.6	1620	M45
28	3	2064	9	20	120	-11.7	3.7	3255	M44
19	4	2064	12	16	31	-8.6	1.6	2291	M45
24	4	2064	16	34	93	-11.0	3.7	3178	M44
16	5	2064	18	29	6	-5.2	1.6	2523	M45
21	5	2064	22	4	66	-10.3	3.7	2885	M44
13	6	2064	1	57	23	-8.0	1.6	2404	M45
18	6	2064	3	44	40	-9.3	3.7	2529	M44
10	7	2064	10	28	48	-9.6	1.6	2054	M45
15	7	2064	11	8	14	-7.1	3.7	2371	M44
6	8	2064	19	10	74	-10.4	1.6	1789	M45
11	8	2064	20	29	12	-6.7	3.7	2381	M44
3	9	2064	3	2	101	-11.0	1.6	2055	M45
8	9	2064	6	48	38	-9.2	3.7	2304	M44
30	9	2064	9	37	127	-11.7	1.6	2611	M45
5	10	2064	16	22	65	-10.3	3.7	1786	M44
27	10	2064	15	27	154	-12.3	1.6	2984	M45
23	11	2064	21	37	175	-12.6	1.6	3073	M45
21	12	2064	4	58	150	-12.3	1.6	2956	M45
17	1	2065	13	24	123	-11.6	1.6	2794	M45
13	2	2065	21	58	95	-10.9	1.6	2868	M45
13	3	2065	5	45	68	-10.2	1.6	3180	M45
9	4	2065	12	25	41	-9.2	1.6	3426	M45
6	5	2065	18	24	15	-7.0	1.6	3507	M45
3	6	2065	0	27	13	-6.7	1.6	3501	M45
30	6	2065	7	11	38	-9.0	1.6	3461	M45
27	7	2065	14	45	64	-10.1	1.6	3452	M45
23	8	2065	22	46	91	-10.8	1.6	3529	M45
20	9	2065	6	35	117	-11.4	1.6	3591	M45
17	10	2065	13	41	144	-12.1	1.6	3538	M45
13	11	2065	20	5	170	-12.5	1.6	3468	M45
11	12	2065	2	15	161	-12.4	1.6	3489	M45
7	1	2066	8	51	133	-11.9	1.6	3532	M45
3	2	2066	16	16	106	-11.2	1.6	3504	M45
3	3	2066	0	23	78	-10.5	1.6	3307	M45
30	3	2066	8	32	51	-9.6	1.6	2888	M45
26	4	2066	15	59	24	-8.1	1.6	2458	M45
23	5	2066	22	29	4	-4.2	1.6	2347	M45
20	6	2066	4	24	29	-8.4	1.6	2474	M45
17	7	2066	10	30	55	-9.7	1.6	2478	M45
13	8	2066	17	25	81	-10.5	1.6	2051	M45
27	6	2074	9	20	32	-8.7	3.7	1384	M44

GG	MM	AAAA	HH	MM	ELONG	MAGL	MAGA	T	MESSIER
24	7	2074	15	45	6	-5.2	3.7	1492	M44
20	8	2074	23	41	20	-7.7	3.7	1525	M44
17	9	2074	8	46	47	-9.5	3.7	1970	M44
14	10	2074	17	49	73	-10.4	3.7	2662	M44
11	11	2074	1	37	101	-11.1	3.7	3194	M44
8	12	2074	7	53	128	-11.8	3.7	3416	M44
4	1	2075	13	38	156	-12.4	3.7	3440	M44
31	1	2075	20	15	176	-12.6	3.7	3411	M44
28	2	2075	4	13	149	-12.2	3.7	3436	M44
27	3	2075	12	57	121	-11.6	3.7	3513	M44
23	4	2075	21	22	94	-10.9	3.7	3483	M44
21	5	2075	4	45	68	-10.2	3.7	3296	M44
17	6	2075	11	2	42	-9.2	3.7	3133	M44
14	7	2075	16	52	16	-7.1	3.7	3116	M44
10	8	2075	23	5	10	-6.3	3.7	3130	M44
7	9	2075	6	13	37	-9.0	3.7	3006	M44
4	10	2075	14	14	63	-10.1	3.7	2548	M44
31	10	2075	22	29	90	-10.8	3.7	1401	M44
24	7	2079	0	19	60	-10.2	1.6	881	M45
20	8	2079	6	39	86	-10.9	1.6	2003	M45
16	9	2079	12	0	113	-11.5	1.6	2476	M45
13	10	2079	18	29	139	-12.2	1.6	2572	M45
10	11	2079	3	30	166	-12.7	1.6	2496	M45
7	12	2079	14	35	165	-12.7	1.6	2498	M45
4	1	2080	1	36	137	-12.2	1.6	2741	M45
31	1	2080	10	23	110	-11.5	1.6	3077	M45
27	2	2080	16	34	82	-10.8	1.6	3267	M45
25	3	2080	21	58	55	-10.0	1.6	3289	M45
22	4	2080	4	45	28	-8.6	1.6	3235	M45
19	5	2080	13	39	4	-4.5	1.6	3185	M45
15	6	2080	23	52	25	-8.3	1.6	3207	M45
13	7	2080	9	47	51	-9.8	1.6	3277	M45
9	8	2080	18	4	77	-10.6	1.6	3293	M45
6	9	2080	0	21	103	-11.2	1.6	3242	M45
3	10	2080	5	47	130	-11.9	1.6	3216	M45
30	10	2080	12	16	157	-12.5	1.6	3226	M45
26	11	2080	21	1	174	-12.7	1.6	3216	M45
24	12	2080	7	27	147	-12.4	1.6	3167	M45
20	1	2081	17	38	120	-11.7	1.6	3008	M45
17	2	2081	1	50	92	-11.0	1.6	2748	M45
16	3	2081	7	56	65	-10.2	1.6	2639	M45
12	4	2081	13	28	38	-9.1	1.6	2769	M45
9	5	2081	20	4	12	-6.7	1.6	2896	M45
6	6	2081	4	19	16	-7.3	1.6	2872	M45
3	7	2081	13	38	42	-9.3	1.6	2646	M45
30	7	2081	22	48	68	-10.3	1.6	2199	M45
27	8	2081	6	40	94	-10.9	1.6	1744	M45
23	9	2081	12	57	120	-11.5	1.6	1800	M45
20	10	2081	18	33	147	-12.2	1.6	2229	M45
17	11	2081	0	58	173	-12.6	1.6	2479	M45
22	11	2081	2	42	112	-11.5	3.7	860	M44
14	12	2081	9	6	157	-12.5	1.6	2364	M45
19	12	2081	8	34	140	-12.2	3.7	2044	M44

GG	MM	AAAA	HH	MM	ELONG	MAGL	MAGA	T	MESSIER
10	1	2082	18	27	130	-11.8	1.6	1808	M45
15	1	2082	16	47	167	-12.7	3.7	2323	M44
7	2	2082	3	34	102	-11.1	1.6	748	M45
12	2	2082	3	16	164	-12.7	3.7	2302	M44
6	3	2082	11	15	75	-10.5	1.6	162	M45
11	3	2082	14	7	137	-12.1	3.7	2317	M44
2	4	2082	17	28	48	-9.5	1.6	1449	M45
7	4	2082	23	17	110	-11.4	3.7	2605	M44
29	4	2082	23	12	22	-7.8	1.6	2089	M45
5	5	2082	6	3	83	-10.7	3.7	3017	M44
27	5	2082	5	32	7	-5.5	1.6	2227	M45
1	6	2082	11	27	57	-10.0	3.7	3264	M44
23	6	2082	12	58	32	-8.7	1.6	1911	M45
28	6	2082	17	20	31	-8.7	3.7	3314	M44
20	7	2082	21	16	58	-9.9	1.6	1124	M45
26	7	2082	0	58	5	-4.8	3.7	3291	M44
22	8	2082	10	24	22	-8.0	3.7	3280	M44
13	9	2082	13	16	110	-11.2	1.6	872	M45
18	9	2082	20	30	48	-9.7	3.7	3321	M44
10	10	2082	19	49	137	-11.9	1.6	1901	M45
16	10	2082	5	34	75	-10.5	3.7	3377	M44
7	11	2082	1	45	163	-12.4	1.6	2409	M45
12	11	2082	12	34	102	-11.2	3.7	3283	M44
4	12	2082	8	3	167	-12.5	1.6	2441	M45
9	12	2082	18	4	130	-11.9	3.7	2989	M44
31	12	2082	15	21	140	-12.0	1.6	2072	M45
6	1	2083	0	4	158	-12.5	3.7	2756	M44
27	1	2083	23	32	113	-11.4	1.6	1573	M45
2	2	2083	8	0	175	-12.7	3.7	2732	M44
24	2	2083	7	51	85	-10.7	1.6	1695	M45
1	3	2083	17	36	147	-12.3	3.7	2715	M44
23	3	2083	15	32	58	-9.9	1.6	2346	M45
29	3	2083	3	19	120	-11.6	3.7	2429	M44
19	4	2083	22	15	31	-8.6	1.6	2832	M45
25	4	2083	11	40	93	-10.9	3.7	1423	M44
17	5	2083	4	19	7	-5.2	1.6	2999	M45
13	6	2083	10	21	22	-7.8	1.6	2920	M45
10	7	2083	17	0	48	-9.5	1.6	2713	M45
7	8	2083	0	27	74	-10.3	1.6	2633	M45
3	9	2083	8	27	100	-11.0	1.6	2866	M45
30	9	2083	16	21	127	-11.6	1.6	3207	M45
27	10	2083	23	37	153	-12.3	1.6	3405	M45
24	11	2083	6	6	175	-12.6	1.6	3452	M45
21	12	2083	12	13	151	-12.3	1.6	3411	M45
17	1	2084	18	42	123	-11.6	1.6	3355	M45
14	2	2084	2	8	96	-10.9	1.6	3409	M45
12	3	2084	10	25	68	-10.3	1.6	3518	M45
8	4	2084	18	47	41	-9.2	1.6	3532	M45
6	5	2084	2	21	15	-7.1	1.6	3495	M45
2	6	2084	8	49	12	-6.6	1.6	3506	M45
29	6	2084	14	37	38	-9.0	1.6	3541	M45
26	7	2084	20	40	64	-10.1	1.6	3545	M45
23	8	2084	3	45	90	-10.8	1.6	3476	M45

GG	MM	AAAA	HH	MM	ELONG	MAGL	MAGA	T	MESSIER
19	9	2084	12	1	116	-11.4	1.6	3261	M45
16	10	2084	20	53	143	-12.1	1.6	2928	M45
13	11	2084	5	14	170	-12.6	1.6	2719	M45
10	12	2084	12	17	161	-12.5	1.6	2771	M45
6	1	2085	18	9	134	-11.9	1.6	2855	M45
3	2	2085	0	5	106	-11.2	1.6	2676	M45
2	3	2085	7	28	79	-10.6	1.6	2005	M45
5	4	2093	23	26	112	-11.3	3.7	1877	M44
3	5	2093	7	33	85	-10.7	3.7	2784	M44
30	5	2093	14	46	59	-9.9	3.7	3211	M44
26	6	2093	21	5	33	-8.7	3.7	3337	M44
24	7	2093	3	1	7	-5.2	3.7	3329	M44
20	8	2093	9	16	20	-7.6	3.7	3329	M44
16	9	2093	16	19	46	-9.4	3.7	3439	M44
14	10	2093	0	9	73	-10.4	3.7	3575	M44
10	11	2093	8	16	100	-11.0	3.7	3554	M44
7	12	2093	15	59	128	-11.7	3.7	3414	M44
3	1	2094	22	55	156	-12.3	3.7	3353	M44
31	1	2094	5	14	176	-12.6	3.7	3372	M44
27	2	2094	11	29	149	-12.2	3.7	3327	M44
26	3	2094	18	16	122	-11.5	3.7	3062	M44
23	4	2094	1	51	95	-10.9	3.7	2424	M44
20	5	2094	9	55	69	-10.2	3.7	1444	M44
16	6	2094	17	46	42	-9.2	3.7	467	M44
14	7	2094	0	52	16	-7.2	3.7	630	M44
10	8	2094	7	7	10	-6.2	3.7	816	M44
10	2	2098	0	29	100	-11.2	1.6	1022	M45
9	3	2098	6	19	72	-10.5	1.6	2048	M45
5	4	2098	11	51	45	-9.5	1.6	2297	M45
2	5	2098	18	56	19	-7.7	1.6	2239	M45
30	5	2098	4	0	9	-6.0	1.6	2202	M45
26	6	2098	14	3	34	-9.0	1.6	2425	M45
23	7	2098	23	34	60	-10.1	1.6	2826	M45
20	8	2098	7	22	87	-10.8	1.6	3160	M45
16	9	2098	13	22	113	-11.4	1.6	3307	M45
13	10	2098	18	53	140	-12.1	1.6	3303	M45
10	11	2098	1	42	166	-12.6	1.6	3233	M45
7	12	2098	10	40	165	-12.6	1.6	3215	M45
3	1	2099	20	54	137	-12.1	1.6	3313	M45
31	1	2099	6	31	110	-11.4	1.6	3404	M45
27	2	2099	14	8	82	-10.7	1.6	3393	M45
26	3	2099	20	1	55	-9.9	1.6	3370	M45
23	4	2099	1	41	28	-8.5	1.6	3381	M45
20	5	2099	8	28	5	-4.5	1.6	3378	M45
16	6	2099	16	43	25	-8.2	1.6	3349	M45
14	7	2099	1	47	51	-9.7	1.6	3254	M45
10	8	2099	10	33	77	-10.5	1.6	3050	M45
6	9	2099	18	2	103	-11.1	1.6	2859	M45
4	10	2099	0	9	130	-11.8	1.6	2883	M45
31	10	2099	5	53	156	-12.4	1.6	3033	M45
27	11	2099	12	31	174	-12.6	1.6	3087	M45
24	12	2099	20	40	148	-12.2	1.6	2943	M45

OCCULTAZIONI
LUNA-ASTEROIDI
OCCULTATIONS
MOON-ASTEROIDS
2000-2100

```
GG MM AAAA : data nel formato giorno/mese/anno
HH MM : ore e minuti
ELONG : elongazione dal Sole dei corpi
MAGL : magnitudine della Luna
MAGA : magnitudine dell'asteroide
T : durata in secondi
PIANETI : corpi coinvolti : MErcurio, VEnere, MArte, GIove,
                            SAturno, URano, NEttuno


Magnitudine minima dell'asteroide 9

La luna non è indicata in quanto è presente in tutte le
occultazioni di questa tabella
```

```
GG MM AAAA : date in the format dd/mm/yyyy
HH MM : hours and minutes
ELONG : elongation from the Sun of the bodies
MAGL : magnitude of the Moon
MAGA : magnitude of the asteroid
T : duration in seconds
PIANETI : planets : MErcury, VEnus, MArs, GI (Jupiter),
                    SAturn, URanus, NEptune
ASTEROIDE : asteroid


Magnitude of the asteroid up to 9

The Moon isn't indicated in the table because it is always
present
```

GG	MM	AAAA	HH	MM	ELONG	MAGL	MAGA	T	ASTEROIDE
3	1	2000	11	45	36	-8.9	7.7	3712	Vesta
31	1	2000	23	48	50	-9.6	7.5	3510	Vesta
29	2	2000	10	40	65	-10.2	7.4	451	Vesta
19	6	2000	19	34	149	-12.1	5.8	3539	Vesta
27	1	2001	10	12	31	-8.7	8.0	2859	Vesta
20	2	2002	12	49	90	-10.9	7.7	3016	Vesta
20	3	2002	9	58	70	-10.3	8.0	3283	Vesta
1	11	2002	0	51	54	-10.0	7.9	1103	Vesta
29	11	2002	3	6	71	-10.5	7.7	3358	Vesta
12	12	2003	0	29	145	-12.2	7.1	841	Ceres
12	5	2004	22	59	71	-10.4	7.5	2048	Vesta
9	6	2004	22	22	89	-10.8	7.2	1402	Vesta
31	5	2006	12	3	52	-9.7	8.0	2574	Vesta
3	12	2006	8	11	157	-12.6	7.0	3046	Iris
12	12	2007	21	30	36	-9.0	7.8	3428	Vesta
29	5	2010	22	3	157	-12.4	7.4	3402	Ceres
25	6	2010	18	43	172	-12.5	7.3	1934	Ceres
28	2	2011	0	10	54	-9.8	7.5	2472	Vesta
28	3	2011	6	33	70	-10.3	7.3	375	Vesta
7	10	2012	4	24	102	-11.1	7.9	2336	Ceres
18	2	2013	21	31	101	-11.1	7.5	3475	Vesta
28	9	2014	15	33	51	-9.7	7.5	3183	Vesta
18	10	2017	22	28	11	-6.4	7.9	2233	Vesta
16	11	2017	8	32	25	-8.2	7.8	3424	Vesta
14	12	2017	18	29	39	-9.1	7.7	3640	Vesta
12	1	2018	4	11	54	-9.8	7.6	3522	Vesta
9	2	2018	12	58	69	-10.3	7.4	2199	Vesta
27	6	2018	9	19	170	-12.5	5.6	3403	Vesta
6	2	2019	7	6	16	-7.2	8.0	1103	Vesta
19	5	2019	17	53	169	-12.6	7.2	1024	Ceres
15	6	2019	15	41	159	-12.4	7.3	2191	Ceres
2	2	2020	8	9	93	-10.9	7.7	3234	Vesta
1	3	2020	6	13	72	-10.4	8.0	3631	Vesta
7	12	2020	22	53	91	-11.0	7.5	3118	Vesta
12	1	2022	22	51	125	-11.7	7.5	1050	Ceres
9	2	2022	10	34	99	-11.0	7.9	3633	Ceres
19	6	2022	8	35	112	-11.4	6.6	2810	Vesta
27	5	2024	5	12	135	-12.0	7.7	2177	Ceres
23	6	2024	5	12	164	-12.6	7.4	2105	Ceres
19	1	2026	5	55	6	-5.0	7.8	911	Vesta
16	2	2026	17	20	10	-6.2	7.9	2849	Vesta
31	10	2026	15	32	106	-11.4	7.7	3054	Ceres
23	10	2027	11	52	80	-10.7	7.8	2961	Vesta
27	11	2028	15	57	130	-11.8	7.5	1371	Iris
31	5	2029	4	32	135	-12.0	6.0	3359	Vesta
4	11	2032	22	23	20	-7.8	7.7	3510	Vesta
14	1	2033	3	39	163	-12.5	7.6	3363	Iris
4	7	2036	7	32	133	-11.8	6.0	3369	Vesta
15	3	2037	16	6	15	-7.0	8.0	1415	Vesta
13	4	2037	2	24	29	-8.4	8.0	3048	Vesta
11	5	2037	11	41	43	-9.3	8.0	3213	Vesta
8	6	2037	19	11	59	-9.9	7.9	2393	Vesta
14	1	2038	1	1	96	-11.0	7.6	404	Vesta

GG	MM	AAAA	HH	MM	ELONG	MAGL	MAGA	T	ASTEROIDE
10	2	2038	23	37	75	-10.4	7.9	3685	Vesta
17	12	2038	11	34	114	-11.5	7.1	3128	Vesta
27	6	2039	6	6	63	-10.1	7.6	1458	Vesta
25	7	2039	9	47	48	-9.6	7.8	3114	Vesta
22	8	2039	15	33	35	-8.9	7.8	3260	Vesta
19	9	2039	23	17	21	-8.0	7.8	2925	Vesta
18	10	2039	8	52	8	-6.0	7.8	1281	Vesta
24	7	2040	12	55	172	-12.7	5.7	3072	Vesta
28	10	2040	8	32	86	-10.7	8.0	3671	Ceres
11	11	2040	3	17	83	-10.8	7.4	2413	Vesta
9	12	2040	2	47	66	-10.4	7.7	3093	Vesta
6	1	2041	6	27	49	-9.8	7.9	3088	Vesta
26	3	2044	5	8	39	-9.2	7.8	3422	Vesta
25	12	2045	21	10	155	-12.6	6.7	3141	Vesta
21	1	2046	20	37	170	-12.8	6.5	2819	Vesta
17	2	2046	22	56	138	-12.2	6.8	1713	Vesta
26	9	2047	2	16	86	-10.9	7.1	3146	Vesta
13	12	2050	10	27	10	-6.3	7.7	3422	Vesta
19	8	2052	8	56	67	-10.3	8.0	3229	Vesta
16	9	2052	4	1	86	-10.8	7.8	3032	Vesta
13	10	2052	18	12	108	-11.4	7.4	2990	Vesta
10	11	2052	2	43	134	-12.1	7.0	2861	Vesta
7	12	2052	5	44	166	-12.8	6.7	1770	Vesta
17	1	2054	23	23	101	-11.2	8.0	3428	Ceres
10	8	2054	0	37	85	-10.8	7.0	2557	Vesta
23	1	2056	14	12	76	-10.5	7.9	1630	Vesta
5	4	2056	17	54	107	-11.3	7.9	3340	Ceres
3	5	2056	4	11	132	-12.0	7.6	2702	Ceres
25	12	2056	14	47	140	-12.1	6.8	3439	Vesta
6	7	2057	3	28	46	-9.5	7.9	2854	Vesta
3	8	2057	9	25	33	-8.7	7.9	3532	Vesta
31	8	2057	16	56	19	-7.7	7.9	3520	Vesta
29	9	2057	2	1	7	-5.6	7.9	3448	Vesta
27	10	2057	12	31	9	-6.2	7.9	3096	Vesta
24	11	2057	23	54	22	-8.1	7.8	96	Vesta
2	8	2058	1	50	147	-12.4	5.9	2995	Vesta
29	8	2058	11	1	121	-11.7	6.4	2782	Vesta
26	9	2058	2	51	99	-11.2	6.9	2700	Vesta
23	10	2058	23	34	80	-10.7	7.3	3275	Vesta
21	11	2058	0	3	63	-10.3	7.6	3332	Vesta
19	12	2058	3	52	48	-9.8	7.8	3032	Vesta
28	12	2058	7	59	163	-12.5	7.1	3276	Ceres
16	1	2059	10	31	32	-9.0	8.0	2956	Vesta
19	10	2060	16	14	52	-9.7	8.0	1286	Vesta
16	11	2060	19	24	69	-10.3	7.8	2991	Vesta
3	5	2062	8	48	72	-10.4	7.4	3616	Vesta
22	4	2064	20	14	70	-10.4	7.9	2842	Vesta
20	5	2064	19	39	53	-9.8	8.0	2933	Vesta
2	11	2065	1	53	50	-9.9	7.6	1793	Vesta
13	11	2065	17	41	171	-12.5	6.9	1336	Iris
30	11	2065	10	32	36	-9.2	7.7	1823	Vesta
17	2	2069	9	19	56	-9.9	7.5	3349	Vesta
12	1	2071	15	6	131	-12.0	7.1	3199	Vesta

GG	MM	AAAA	HH	MM	ELONG	MAGL	MAGA	T	ASTEROIDE
18	8	2072	17	9	65	-10.3	7.4	2864	Vesta
16	9	2072	0	16	50	-9.8	7.5	1521	Vesta
3	7	2074	22	10	114	-11.5	7.7	3201	Ceres
15	9	2074	12	21	68	-10.2	8.0	2524	Vesta
7	12	2074	11	21	138	-12.0	6.9	3018	Vesta
3	1	2075	7	35	170	-12.5	6.6	1438	Vesta
27	8	2075	12	36	160	-12.5	8.0	3242	Melpomene
10	9	2075	17	35	6	-5.0	8.0	3566	Vesta
9	10	2075	3	30	12	-6.6	8.0	3496	Vesta
6	11	2075	14	23	25	-8.3	7.9	3430	Vesta
5	12	2075	1	25	39	-9.3	7.8	2510	Vesta
9	8	2076	21	36	114	-11.5	6.5	3368	Vesta
6	9	2076	17	1	94	-11.0	6.9	2964	Vesta
4	10	2076	16	44	76	-10.6	7.3	3121	Vesta
1	11	2076	19	13	61	-10.2	7.5	3435	Vesta
30	11	2076	0	2	45	-9.6	7.7	3123	Vesta
28	12	2076	7	5	31	-8.8	7.8	2334	Vesta
25	1	2077	15	58	17	-7.6	7.9	1780	Vesta
23	2	2077	1	42	5	-5.0	8.0	2186	Vesta
23	3	2077	10	59	14	-7.1	8.0	2985	Vesta
26	11	2078	11	20	88	-10.8	7.6	1623	Vesta
24	12	2078	5	24	111	-11.4	7.1	1999	Vesta
7	8	2079	9	30	120	-11.5	7.9	2634	Ceres
8	6	2080	15	40	113	-11.3	6.6	2740	Vesta
8	1	2084	2	26	5	-5.1	7.8	3132	Vesta
24	4	2087	2	37	113	-11.3	6.5	2273	Vesta
21	5	2087	11	55	137	-11.9	6.0	3488	Vesta
17	6	2087	10	19	167	-12.5	5.6	669	Vesta
30	6	2088	1	39	137	-11.9	7.5	3051	Ceres
17	2	2089	20	37	84	-10.8	7.8	3107	Vesta
26	9	2090	2	8	34	-9.0	7.7	3167	Vesta
24	10	2090	13	2	21	-8.0	7.7	1777	Vesta
5	12	2090	15	54	163	-12.5	7.2	3402	Ceres
30	11	2091	1	43	136	-12.0	7.7	1969	Iris
26	12	2091	22	54	168	-12.6	7.5	2247	Iris
24	9	2092	5	52	85	-10.7	7.8	2789	Vesta
18	11	2092	7	58	134	-11.9	7.0	1662	Vesta
15	12	2092	5	2	166	-12.5	6.7	3495	Vesta
8	8	2093	17	1	156	-12.5	7.9	548	Hebe
18	10	2093	4	33	26	-8.3	8.0	3577	Vesta
15	11	2093	15	2	41	-9.3	7.9	3486	Vesta
14	12	2093	0	42	56	-10.0	7.7	2559	Vesta
22	7	2094	5	28	108	-11.3	6.6	2730	Vesta
19	8	2094	3	53	89	-10.8	7.0	3219	Vesta
16	9	2094	6	31	72	-10.4	7.3	2288	Vesta
14	10	2094	11	26	57	-10.0	7.5	2769	Vesta
11	11	2094	17	53	43	-9.4	7.7	3410	Vesta
10	12	2094	1	52	29	-8.6	7.8	3293	Vesta
7	1	2095	11	20	15	-7.2	7.8	2445	Vesta
4	2	2095	21	48	4	-4.4	7.9	1083	Vesta
2	4	2095	17	22	29	-8.7	7.9	1923	Vesta
1	5	2095	0	5	43	-9.5	7.9	3133	Vesta
29	5	2095	3	30	58	-10.1	7.8	2865	Vesta

```
GG MM AAAA   HH MM   ELONG   MAGL   MAGA    T     ASTEROIDE

15 11 2095   21 34    125    -11.8   7.5   2898   Ceres
 1  1 2097   11 19    137    -12.1   6.8   2731   Vesta
28  1 2097   13 52    169    -12.7   6.4   1404   Vesta
17  5 2097   16 31     81    -10.7   7.5   1557   Vesta
14  6 2097   16 46     64    -10.2   7.7   2062   Vesta
 9  8 2098   16  5    153    -12.2   5.9   1794   Vesta
 5  9 2098   19 17    126    -11.6   6.4   3487   Vesta
 3 10 2098   10 25    103    -11.1   6.9   3648   Vesta
31 10 2098   10 43     84    -10.7   7.3   3635   Vesta
28 11 2098   16 36     66    -10.2   7.6   2991   Vesta
```

Ceres

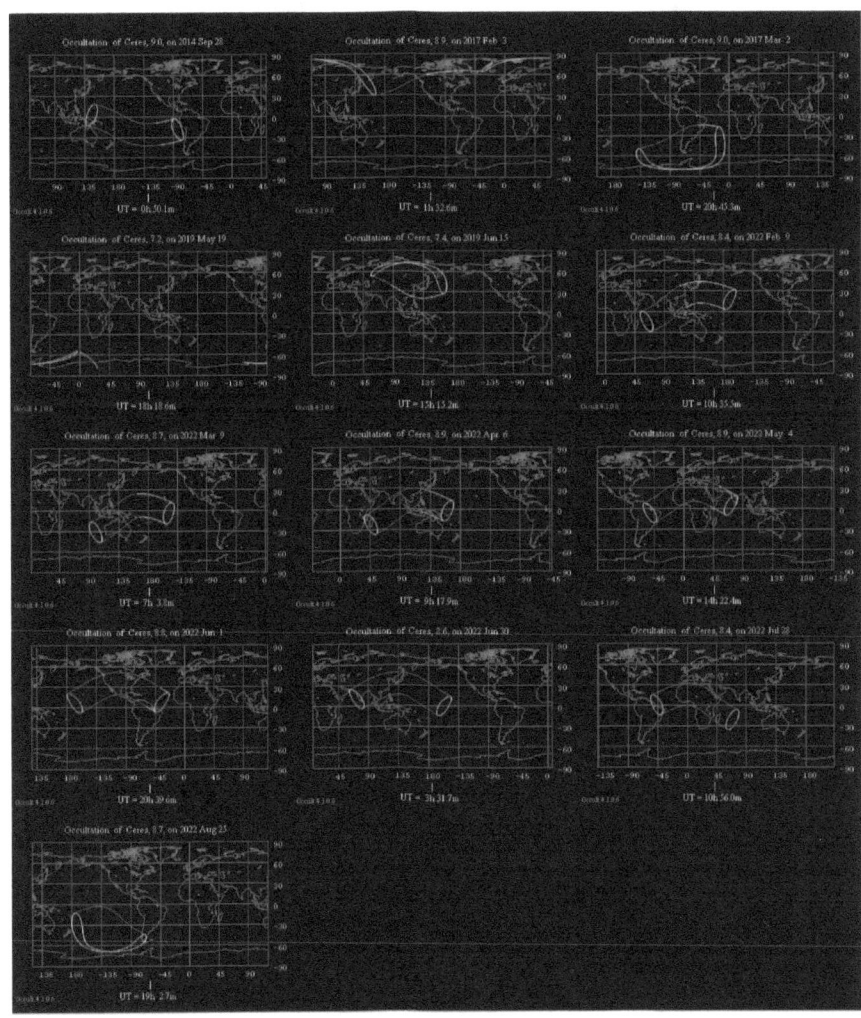

Vesta

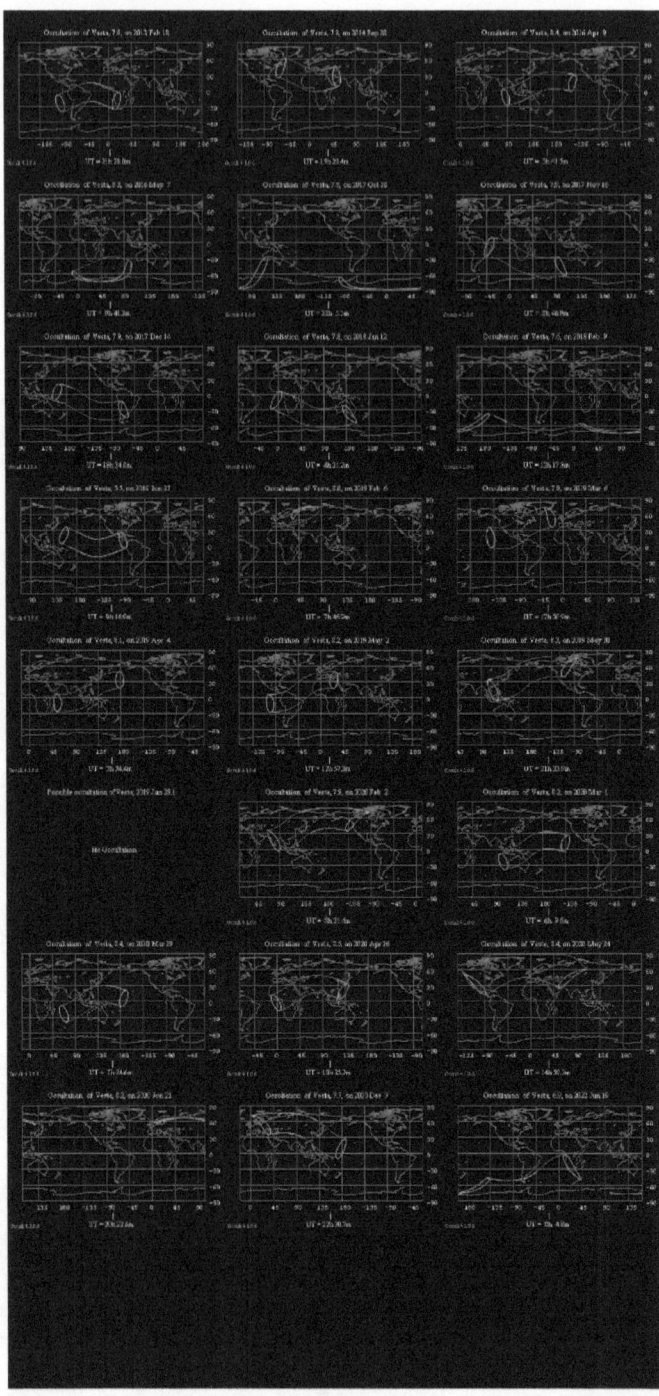

Iris

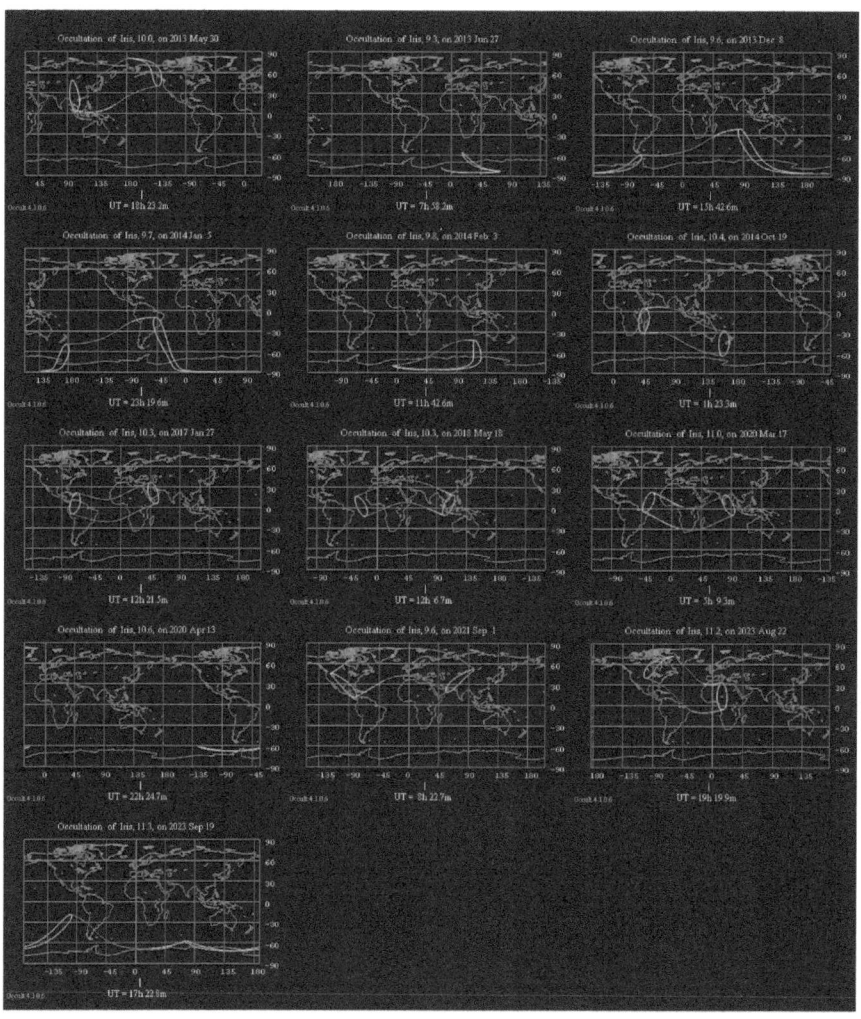

OCCULTAZIONI SIMULTANEE LUNA-STELLE-PIANETI
SIMULTANEUSLY OCCULTATIONS MOON-STARS-PLANETS
2000-2100

```
GG MM AAAA : data nel formato giorno/mese/anno
HH MM : ore e minuti
ELONG : elongazione dal Sole dei corpi
MAGP : magnitudine del pianeta
MAGS : magnitudine della stella
MAGL : magnitudine della Luna
PIANETI : corpi coinvolti : MErcurio, VEnere, MArte, GIove,
                            SAturno, URano, NEttuno
```

La luna non è indicata in quanto è presente in tutte le occultazioni di questa tabella

Stelle fino alla mag 2


```
GG MM AAAA : date in the format dd/mm/yyyy
HH MM : hours and minutes
ELONG : elongation from the Sun of the bodies
MAGP : magnitude of the planet
MAGS : magnitude of the star
MAGL : magnitude of the Moon
PIANETI : planets : MErcury, VEnus, MArs, GI (Jupiter),
                    SAturn, URanus, Neptune
STELLA : star
```

All the occultations are listed if the bodies have distance less then 5°

The Moon isn't indicated in the table because it is always present

Stars up to magnitude 2

```
GG MM AAAA    HH MM   ELONG    MAGP    MAGS    MAGL     PIANETA STELLA

19  9 2025    12 46     27     -3.9    1.4     -8.4     VE      Regulus
 6  5 2063    17 25    104     -2.1    1.4    -11.3     GI      Regulus
28  9 2092    13 56     36      8.0    1.4     -9.0     NE      Regulus
```

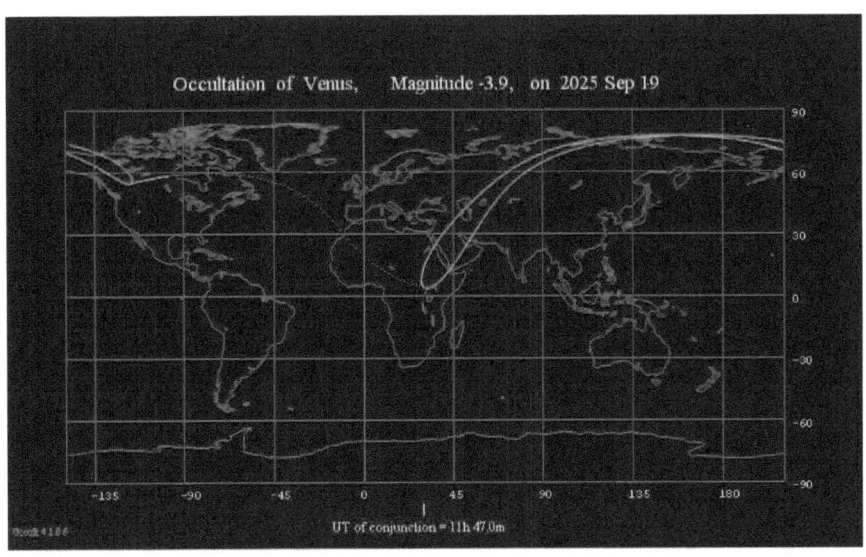

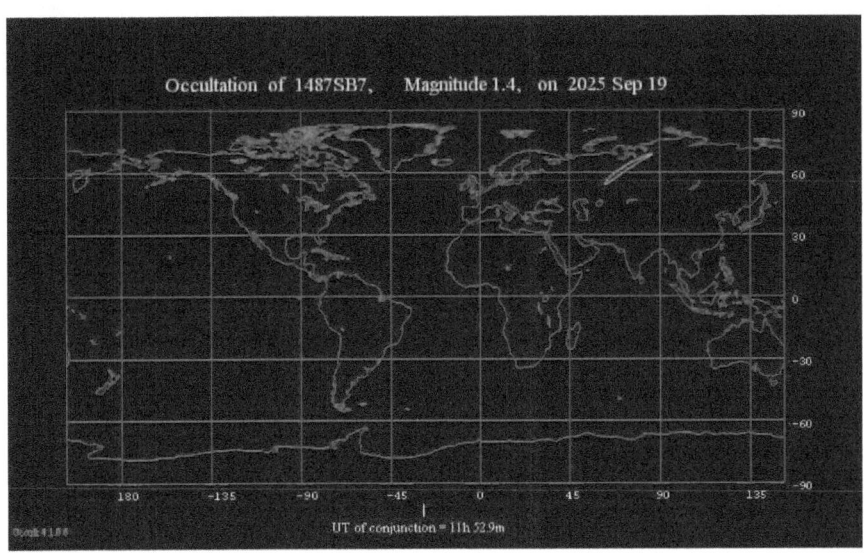

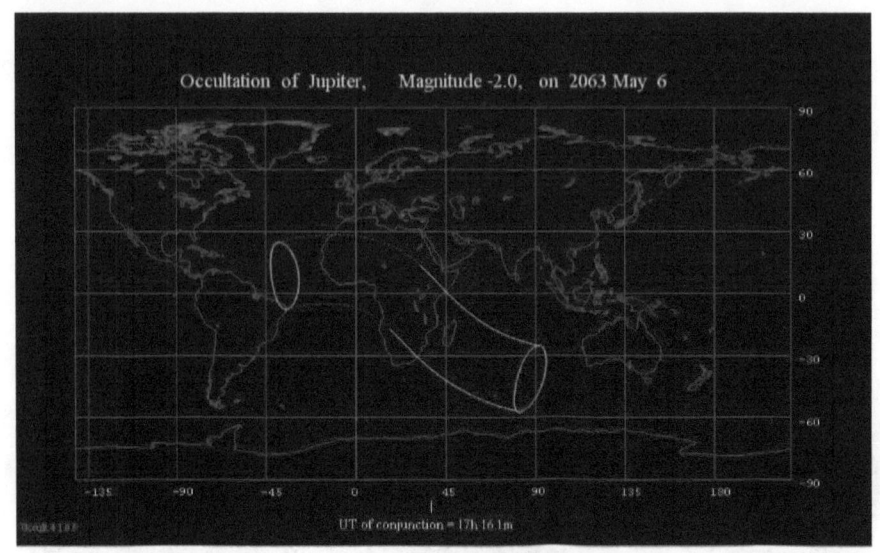

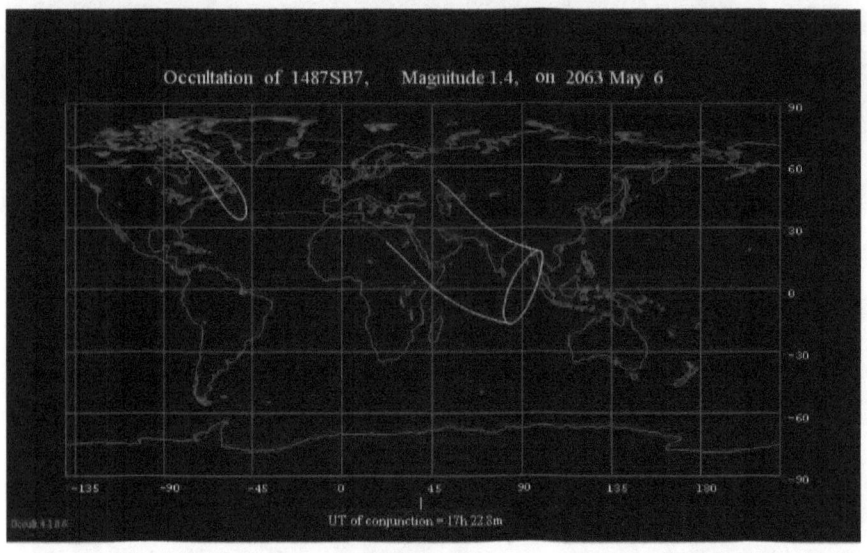

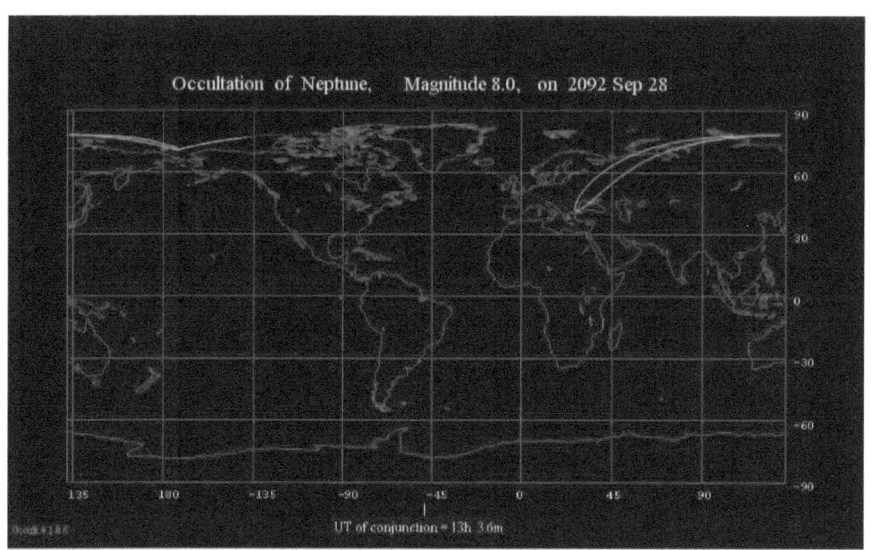

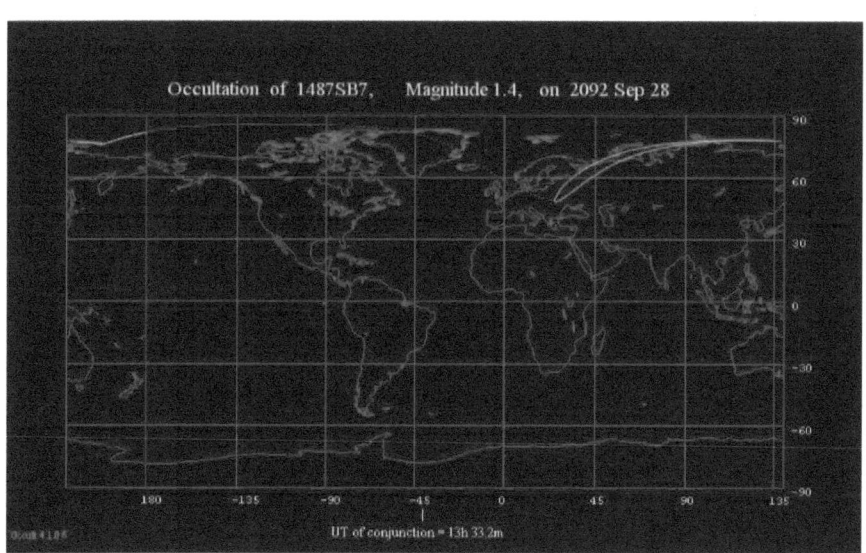

OCCULTAZIONI SIMULTANEE LUNA-PIANETI-ASTEROIDI
SIMULTANEOUSLY OCCULTATIONS MOON-PLANETS-ASTEROIDS
2000-2100

GG MM AAAA : data nel formato giorno/mese/anno
HH MM : ore e minuti
ELONG : elongazione dal Sole dei corpi
MAGP : magnitudine del pianeta
MAGA : magnitudine dell'asteroide
MAGL : magnitudine della Luna
PIANETI : corpi coinvolti : MErcurio, VEnere, MArte, GIove,
SAturno, URano, NEttuno

Magnitudine minima dell'asteroide 9

La luna non è indicata in quanto è presente in tutte le occultazioni di questa tabella

GG MM AAAA : date in the format dd/mm/yyyy
HH MM : hours and minutes
ELONG : elongation from the Sun of the bodies
MAGP : magnitude of the planet
MAGA : magnitude of the asteroid
MAGL : magnitude of the Moon
PIANETI : planets : MErcury, VEnus, MArs, GI (Jupiter),
SAturn, URanus, Neptune
ASTEROIDE : asteroid

Magnitude of the asteroid up to 9

The Moon isn't indicated in the table because it is always present

```
GG MM AAAA    HH MM  ELONG    MAGP    MAGA    MAGL PIANETA ASTEROIDE

20  3 2002     9 46    70      0.3     8.0   -10.3   SA    Vesta
30  7 2038     6 59    21     -3.8     8.4    -7.9   VE    Vesta
25 12 2056    14 10   140     -1.0     6.8   -12.1   MA    Vesta
10  7 2067     6 15    13      8.0     8.4    -6.8   NE    Vesta
 2  3 2084    13 24    54      1.1     8.7   -10.0   MA    Ceres
```

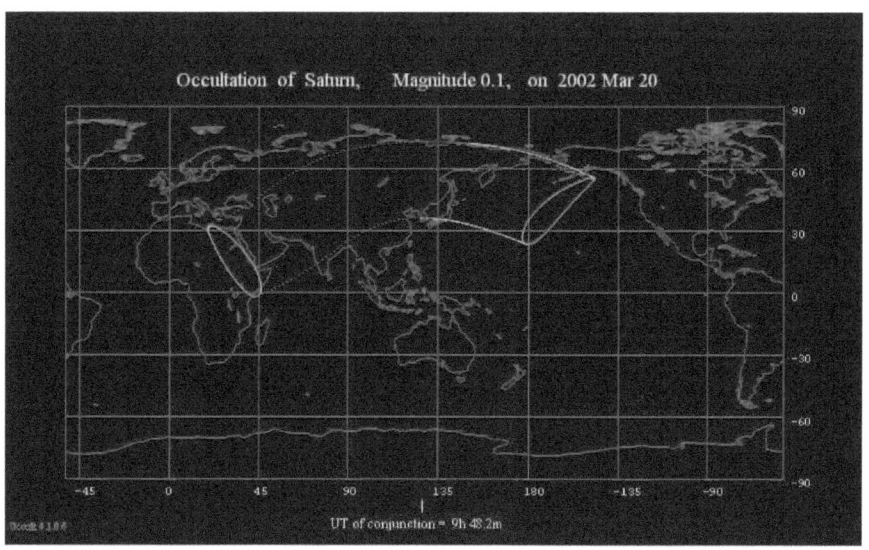

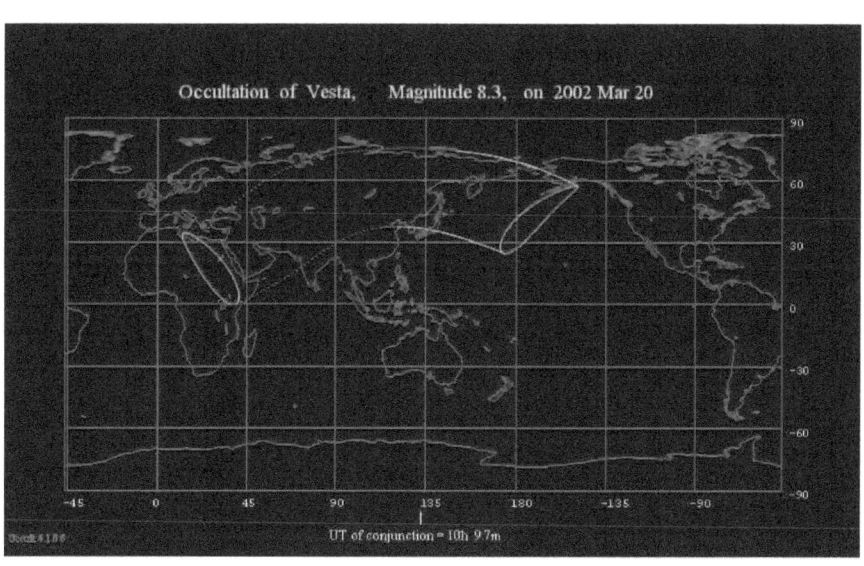

OCCULTAZIONI
ASTEROIDI-STELLE
OCCULTATIONS
ASTEROIDS-STARS
2000-3000

```
GG MM AAAA : data nel formato giorno/mese/anno
HH MM : ore e minuti
ELONG : elongazione dal Sole dei corpi
MAGA : magnitudine dell'asteroide
MAGS : magnitudine della stella
T : durata in secondi
PIANETI : corpi coinvolti : MErcurio, VEnere, MArte, GIove,
                            SAturno, URano, NEttuno
```

Magnitudine minima dell'asteroide 9

Stelle fino alla mag 2

```
GG MM AAAA : date in the format dd/mm/yyyy
HH MM : hours and minutes
ELONG : elongation from the Sun of the bodies
MAGA : magnitude of the asteroid
MAGS : magnitude of the star
T : duration in seconds
PIANETI : planets : MErcury, VEnus, MArs, GI (Jupiter),
                    SAturn, URanus, Neptune
ASTEROIDE : asteroid
STELLA : star
```

Magnitude of the asteroid up to 9

Stars up magnitude 2

GG	MM	AAAA	HH	MM	ELONG	MAGA	MAGS	T	ASTEROIDE	STELLA
5	7	2036	4	16	21	13.8	1.7	0	Eros	Elnath
9	10	2250	9	44	79	10.9	1.2	4	Nausikaa	Pollux
16	3	2294	8	56	77	13.7	1.8	1	Eros	KausAust
4	12	2306	20	8	151	7.4	1.7	26	Juno	Alnilam
9	12	2384	11	58	141	9.8	1.3	19	Nausikaa	Castor
7	9	2697	21	34	136	8.6	0.9	0	Florence	Altair
6	8	2727	3	32	27	10.9	1.4	4	Amphitrit	Regulus

NB : dato che i moti degli asteroidi sono fortemente perturbati queste previsioni sono approssimate

Approximative datas

OCCULTAZIONI
ASTEROIDI-STELLE
OCCULTATIONS
ASTEROIDS-STARS
2000-2100

GG MM AAAA : data nel formato giorno/mese/anno
HH MM : ore e minuti
ELONG : elongazione dal Sole dei corpi
MAGA : magnitudine dell'asteroide
MAGS : magnitudine della stella
T : durata in secondi
PIANETI : corpi coinvolti : MErcurio, VEnere, MArte, GIove,
                            SAturno, URano, NEttuno

Stelle fino alla mag 6

GG MM AAAA : date in the format dd/mm/yyyy
HH MM : hours and minutes
ELONG : elongation from the Sun of the bodies
MAGA : magnitude of the asteroid
MAGS : magnitude of the star
T : duration in seconds
PIANETI : planets : MErcury, VEnus, MArs, GI (Jupiter),
                    SAturn, URanus, Neptune
ASTEROIDE : asteroid
STELLA : star

Stars up magnitude 6

GG	MM	AAAA	HH	MM	ELONG	MAGA	MAGS	T	ASTEROIDE	STELLA
2	2	2003	14	39	57	9.2	5.7	4	Iris	
18	9	2004	3	54	146	10.5	4.7	2	Toutatis	
22	9	2004	15	18	72	11.4	5.8	4	Desiderat	
5	5	2006	9	4	49	9.8	5.7	2	Iris	
27	7	2008	8	32	119	11.0	5.1	33	Bamberga	
12	9	2008	6	41	121	9.5	6.0	45	Metis	
10	6	2011	20	53	56	10.6	5.2	5	Amphitrit	
14	10	2012	18	24	4	12.1	4.4	6	Psyche	
12	11	2012	11	27	20	12.3	5.8	4	Bamberga	
30	3	2013	18	34	85	10.8	4.8	7	Daphne	
27	12	2013	18	0	14	10.4	3.9	4	Hebe	
9	1	2016	18	56	121	17.1	5.8	1	Florence	
13	6	2016	16	44	59	12.4	5.4	1	Thyra	
14	8	2017	12	22	48	10.7	5.9	6	Irene	
28	4	2023	5	42	53	10.5	6.0	3	Melpomene	
14	11	2023	6	51	51	10.9	5.0	4	Parthenop	
6	1	2025	11	56	159	8.7	5.9	1	Alinda	
7	11	2025	14	23	62	10.6	6.0	4	Massalia	
17	4	2026	10	34	65	11.3	5.8	15	Hygiea	
25	6	2026	15	2	28	11.3	4.9	4	Euterpe	
13	8	2027	22	53	13	12.1	4.7	2	Nausikaa	Asellus
28	5	2028	14	49	74	11.4	5.8	6	Melpomene	
7	8	2030	8	49	173	12.3	5.2	2	Eros	
1	12	2031	5	25	161	10.0	3.7	10	Astraea	
11	6	2034	3	20	177	9.7	5.8	11	Harmonia	
26	6	2035	17	3	142	11.1	5.9	9	Nysa	
10	3	2036	21	12	55	11.1	4.9	3	Flora	
30	6	2037	12	13	65	11.0	5.0	5	Massalia	
10	9	2037	1	15	3	11.6	4.6	1	Nysa	
19	10	2037	12	32	111	9.7	5.3	10	Nausikaa	
15	2	2040	21	36	121	12.8	5.4	1	Toro	
10	5	2040	16	28	32	9.7	4.9	4	Iris	
15	7	2040	3	42	19	11.7	3.4	3	Fortuna	Propus
16	8	2041	8	12	31	10.9	5.3	1	Melpomene	
14	12	2042	21	55	107	17.4	6.0	1	Ivar	
21	12	2043	6	25	19	11.6	4.5	5	Metis	
12	2	2046	4	43	9	11.6	5.4	2	Lutetia	
13	7	2046	5	1	123	11.2	5.8	2	Ivar	
6	9	2046	15	53	162	11.9	3.4	3	Eros	Homam
21	7	2050	22	4	8	12.9	5.3	1	Sappho	
24	2	2052	15	30	179	8.9	5.6	16	Massalia	
17	6	2052	16	10	78	10.8	5.0	2	Massalia	
29	6	2056	11	16	64	10.7	4.3	8	Metis	
29	9	2056	0	24	161	9.5	5.9	13	Sappho	
28	3	2057	18	15	49	13.2	5.9	5	Daphne	
19	8	2057	9	21	132	10.6	2.9	1	Florence	
22	8	2057	7	1	81	11.4	3.9	12	Irene	
16	1	2066	9	42	48	12.9	4.5	2	Sappho	
12	7	2068	6	7	57	13.0	5.9	7	Bamberga	
31	8	2068	6	14	47	12.9	5.3	1	Ariadne	
24	10	2069	10	13	158	13.6	5.6	1	Ivar	
10	11	2069	6	21	117	9.7	5.3	26	Euterpe	
12	6	2073	16	43	14	12.2	6.0	2	Lutetia	

GG	MM	AAAA	HH	MM	ELONG	MAG	MAGS	T	PIANETA STELLA
31	8	2073	0	32	105	10.1	5.8	12	Parthenop
16	7	2076	9	11	3	11.7	5.3	8	Hygiea
15	12	2078	14	55	22	11.9	5.4	1	Astraea
25	4	2080	15	24	138	10.3	4.8	22	Parthenop
21	2	2082	9	5	24	11.6	5.9	2	Nausikaa
8	4	2083	18	22	14	11.1	6.0	3	Julia
29	10	2084	9	39	63	12.8	5.4	1	Sisyphus
6	5	2087	5	16	14	11.1	4.8	2	Julia
2	7	2090	12	55	7	10.8	5.9	4	Metis
23	5	2094	16	38	8	11.2	5.9	1	Laetitia
18	6	2094	9	43	14	11.2	5.8	3	Laetitia
9	3	2097	7	31	11	10.8	5.8	3	Amphitrit

NB : dato che i moti degli asteroidi sono fortemente perturbati queste previsioni sono approssimate

Approximative datas

OCCULTAZIONI CONSECUTIVE LUNA-PIANETI
CONSECUTIVE OCCULTATIONS MOON-PLANETS 2000-2100

3 O 4 OCCULTAZIONI IN 24 ORE
3 OR 4 OCCULTATIONS IN A TIME SPAN OF ONLY 24 HOURS

```
GG MM AAAA : data nel formato giorno/mese/anno
HH MM : ore e minuti
ELONG : elongazione in gradi dal Sole dei corpi
MAG : magnitudine del pianeta
MAGL : magnitudine della Luna
T : durata in secondi
PIANETI : corpi coinvolti : MErcurio, VEnere, MArte, GIove,
                            SAturno, URano, NEttuno
```

```
GG MM AAAA : date in the format dd/mm/yyyy
HH MM : hours and minutes
ELONG : elongation in ° from the Sun of the bodies
MAG : magnitude of the planet
MAGL : magnitude of the Moon
T : duration in seconds
PIANETI : planets : MErcury, VEnus, MArs, GI (Jupiter),
                    SAturn, URanus, NEptune
```

```
GG MM AAAA   HH MM   ELONG   MAG    MAGL     T    PIANETA


14  5 2002    7 37     22     0.5   -7.9   1539    SA
14  5 2002   18 49     27     1.5   -8.4   3086    MA
14  5 2002   23 15     29    -3.8   -8.6   2707    VE

 5  3 2008   14 10     27     0.2   -8.5   3639    ME
 5  3 2008   19  9     24    -3.8   -8.2   3657    VE
 5  3 2008   21 49     23     8.0   -8.1   3331    NE

18  9 2017    0 41     28    -3.8   -8.5   3298    VE
18  9 2017   19 48     18     1.7   -7.5   3473    MA
18  9 2017   23 21     16    -0.8   -7.3   3779    ME

24  7 2036   16 21     18     0.5   -7.6   2560    SA
24  7 2036   20 11     20     1.7   -7.9   2847    MA
24  7 2036   22 16     21    -0.1   -8.0   3333    ME

 9  5 2038   15 50     59     1.4  -10.0   2109    MA
 9  5 2038   20 12     62     5.6  -10.1   3310    UR
10  5 2038    2 19     65    -1.9  -10.2   3003    GI

13  2 2056    7 51     27    -1.8   -8.4   3172    GI
13  2 2056    9 27     26    -3.9   -8.4   3606    VE
13  2 2056   20  5     21     1.1   -7.9   2995    MA
13  2 2056   20  9     21    -0.2   -7.8   2571    ME

14  7 2064   12 18      3     1.6   -3.4   2519    MA
15  7 2064    1  2      9     0.5   -6.0   2312    SA
15  7 2064   10 59     14    -3.9   -7.1   3030    VE

27  9 2092   19 35     45     1.5   -9.5   3229    MA
28  9 2092   11 32     37    -3.9   -9.1   2458    VE
28  9 2092   13 40     36     8.0   -9.0   1594    NE
```

OCCULTAZIONI CONSECUTIVE LUNA-PIANETI-STELLE
CONSECUTIVE OCCULTATIONS MOON-PLANETS-STARS
2000-2100

3 O 4 OCCULTAZIONI IN 24 ORE
3 OR 4 OCCULTATIONS IN A TIME SPAN OF ONLY 24 HOURS

GG MM AAAA : data nel formato giorno/mese/anno
HH MM : ore e minuti
ELONG : elongazione in gradi dal Sole dei corpi
MAG : magnitudine del pianeta
MAGL : magnitudine della Luna
T : durata in secondi
PIANETI : corpi coinvolti : MErcurio, VEnere, MArte, GIove,
                            SAturno, URano, NEttuno

GG MM AAAA : date in the format dd/mm/yyyy
HH MM : hours and minutes
ELONG : elongation in ° from the Sun of the bodies
MAG : magnitude of the planet
MAGL : magnitude of the Moon
T : duration in seconds
PIANETI : planets : MErcury, VEnus, MArs, GI (Jupiter),
                    SAturn, URanus, Neptune
STELLA : star

GG	MM	AAAA	HH	MM	ELONG	MAG	MAGL	T	PIANETA-STELLA
18	9	2017	0	41	28	-3.8	-8.5	3298	VE
18	9	2017	5	0	25	-8.3	1.4	3305	Regulus
18	9	2017	19	48	18	1.7	-7.5	3473	MA
18	9	2017	23	21	16	-0.8	-7.3	3779	ME
2	11	2026	13	40	81	0.8	-10.7	2169	MA
2	11	2026	22	47	76	-1.9	-10.6	3157	GI
3	11	2026	8	43	71	-10.5	1.4	2653	Regulus
24	7	2036	16	21	18	0.5	-7.6	2560	SA
24	7	2036	20	11	20	1.7	-7.9	2847	MA
24	7	2036	22	16	21	-0.1	-8.0	3333	ME
25	7	2036	8	31	27	-8.6	1.4	2611	Regulus
27	9	2092	19	35	45	1.5	-9.5	3229	MA
28	9	2092	11	32	37	-3.9	-9.1	2458	VE
28	9	2092	13	40	36	8.0	-9.0	1594	NE
28	9	2092	14	11	35	-9.0	1.4	1247	Regulus

OCCULTAZIONI CONSECUTIVE LUNA-PIANETI-M44-M45
CONSECUTIVE OCCULTATIONS MOON-PLANETS-M44-M45
2000-2100

3 O 4 OCCULTAZIONI IN 24 ORE
3 OR 4 OCCULTATIONS IN A TIME SPAN OF ONLY 24 HOURS

```
GG MM AAAA : data nel formato giorno/mese/anno
HH MM : ore e minuti
ELONG : elongazione in gradi dal Sole dei corpi
MAG : magnitudine del pianeta
MAGL : magnitudine della Luna
T : durata in secondi
PIANETI : corpi coinvolti : MErcurio, VEnere, MArte, GIove,
                            SAturno, URano, NEttuno
```

```
GG MM AAAA : date in the format dd/mm/yyyy
HH MM : hours and minutes
ELONG : elongation in ° from the Sun of the bodies
MAG : magnitude of the planet
MAGL : magnitude of the Moon
T : duration in seconds
PIANETI : planets : MErcury, VEnus, MArs, GI (Jupiter),
                    SAturn, URanus, Neptune
OGGETTO : M44-M45
```

GG	MM	AAAA	HH	MM	ELONG	MAG	MAGL	T	PIANETA-OGGETTO
1	8	2027	15	59	11	-1.4	-6.6	3548	ME
2	8	2027	5	27	3	-3.9	-3.6	3052	VE
2	8	2027	6	15	2	-3.2	3.7	1222	M44
6	6	2038	16	25	43	-1.8	-9.3	981	GI
7	6	2038	4	15	49	1.5	-9.6	2668	MA
7	6	2038	8	48	51	-9.7	3.7	2452	M44
13	7	2056	22	57	13	-3.9	-6.8	3765	VE
14	7	2056	3	32	16	-7.2	3.7	3389	M44
14	7	2056	5	40	17	-0.6	-7.3	3924	ME
14	7	2064	12	18	3	1.6	-3.4	2519	MA
15	7	2064	1	2	9	0.5	-6.0	2312	SA
15	7	2064	10	59	14	-3.9	-7.1	3030	VE
15	7	2064	11	8	14	-7.1	3.7	2371	M44
15	7	2064	10	59	14	-3.9	-7.1	3030	VE
15	7	2064	11	8	14	-7.1	3.7	2371	M44
16	7	2064	8	39	26	0.5	-8.4	2640	ME
11	8	2064	16	28	14	0.5	-7.1	2985	SA
11	8	2064	20	29	12	-6.7	3.7	2381	M44
12	8	2064	5	0	7	1.7	-5.6	2427	MA
27	6	2074	9	20	32	-8.7	3.7	1384	M44
27	6	2074	19	52	37	-1.7	-9.0	3466	GI
28	6	2074	6	54	43	-4.0	-9.3	3681	VE

INDICE - INDEX

```
INTRODUZIONE..................................................3
INTRODUCTION..................................................5
OCCULTAZIONI TRA PIANETI 2000-10000                          7
OCCULTATIONS BETWEEN PLANETS 2000-10000.......................7
OCCULTAZIONI LUNA-PIANETI OCCULTATIONS MOON-PLANETS 2000-2100
.............................................................14
OCCULTAZIONI SIMULTANEE 2 PIANETI LUNA 2000-2100             51
SIMULTANEUSLY OCCULTATIONS 2 PLANETS MOON 2000-2100..........51
OCCULTAZIONI PIANETI-STELLE 2000-10000                       59
OCCULTATIONS PLANETS-STARS 2000-10000........................59
OCCULTAZIONI PIANETI-STELLE 2000-2100                        80
OCCULTATIONS PLANETS-STARS  2000-2100........................80
OCCULTAZIONI PIANETI MESSIER M44-M45 2000-10000              83
OCCULTATIONS PLANETS M44-M45 2000-10000......................83
OCCULTAZIONI LUNA-STELLE 2000-2100                           86
OCCULTATIONS MOON-STARS 2000-2100............................86
OCCULTAZIONI LUNA-M44-M45 2000-2100                         116
OCCULTATIONS MOON-M44-M45 2000-2100.........................116
OCCULTAZIONI LUNA-ASTEROIDI 2000-2100                       129
OCCULTATIONS MOON-ASTEROIDS 2000-2100.......................129
OCCULTAZIONI SIMULTANEE LUNA-STELLE-PIANETI 2000-2100       136
SIMULTANEUSLY OCCULTATIONS  MOON-STARS-PLANETS   2000-2100.136
OCCULTAZIONI SIMULTANEE LUNA-PIANETI-ASTEROIDI 2000-2100    140
SIMULTANEOUSLY OCCULTATIONS MOON-PLANETS-ASTEROIDS 2000-2100
............................................................140
OCCULTAZIONI ASTEROIDI-STELLE 2000-3000                     142
OCCULTATIONS ASTEROIDS-STARS  2000-3000.....................142
OCCULTAZIONI ASTEROIDI-STELLE 2000-2100                     144
OCCULTATIONS ASTEROIDS-STARS  2000-2100.....................144
OCCULTAZIONI CONSECUTIVE LUNA-PIANETI 2000-2100             147
CONSECUTIVE OCCULTATIONS MOON-PLANETS 2000-2100.............147
OCCULTAZIONI CONSECUTIVE LUNA-PIANETI-STELLE 2000-2100      149
CONSECUTIVE OCCULTATIONS MOON-PLANETS-STARS  2000-2100.....149
OCCULTAZIONI CONSECUTIVE LUNA-PIANETI-M44-M45 2000-2100     151
CONSECUTIVE OCCULTATIONS MOON-PLANETS-M44-M45 2000-2100....151
INDICE - INDEX.............................................153
```

www.ingramcontent.com/pod-product-compliance
Lightning Source LLC
Chambersburg PA
CBHW021943170526
45157CB00003B/900